互连线单粒子串扰效应的建模与分析

刘保军　著

电子工业出版社·
Publishing House of Electronics Industry
北京·BEIJING

内 容 简 介

本书主要介绍空间辐射环境下互连线的串扰效应，内容涵盖了互连线的基础理论、寄生参数提取、等效模型建立、串扰机理分析、串扰效应对单粒子效应的影响、基于导纳规则的单粒子串扰建模分析、单粒子串扰的分布参数建模分析、碳纳米材料互连线的单粒子串扰效应等，给出了单粒子瞬态的等效电路及高阶互连系统的简化方法和思路。此外，对两线和多线互连系统的单粒子串扰的解析模型、温度对单粒子串扰的影响、串扰效应对电路可靠性的量化等进行了分析和讨论，给出了数字电路在单粒子翻转和单粒子瞬态下的软错误率评估方法。

本书可作为微纳电子学、空间电子、电路与系统、半导体物理和电子器件、电路仿真、互连串扰效应建模和应用等领域科研人员和研究生的参考书，也可作为其他相关人员的参考书。

图书在版编目（CIP）数据

互连线单粒子串扰效应的建模与分析 / 刘保军著.
北京 ： 电子工业出版社，2024. 10. -- ISBN 978-7-121-
49010-1

Ⅰ．TN911.4

中国国家版本馆 CIP 数据核字第 2024W6R182 号

责任编辑：谭海平

印　　刷：北京七彩京通数码快印有限公司
装　　订：北京七彩京通数码快印有限公司
出版发行：电子工业出版社
　　　　　北京市海淀区万寿路 173 信箱　　邮编：100036
开　　本：700×1000　1/16　印张：14.5　字数：275.6 千字
版　　次：2024 年 10 月第 1 版
印　　次：2024 年 10 月第 1 次印刷
定　　价：98.00 元

凡所购买电子工业出版社图书有缺损问题，请向购买书店调换。若书店售缺，请与本社发行部联系，联系及邮购电话：（010）88254888，88258888。

质量投诉请发邮件至 zlts@phei.com.cn，盗版侵权举报请发邮件至 dbqq@phei.com.cn。

本书咨询联系方式：（010）88254552，tan02@phei.com.cn。

前　言

随着空间技术、核科学和微电子技术的快速发展，器件的特征尺寸不断缩小，导致半导体器件对单粒子效应的敏感性增加，即使是低能粒子，也可能使得器件发生单粒子效应。据统计，在国内外的航天器故障中，由单粒子效应诱发的故障占28.5%，已严重威胁到电路的可靠性，引起了国内外的广泛关注和研究。

技术节点的不断缩减，导致器件尺寸减小、供应电压降低、节点电容减小、时钟频率增加，进而导致电路的临界电荷降低，电路对单粒子效应的敏感性增加。同时，互连线的线间距不断减小，厚宽比不断增加，导致互连线系统的耦合作用显著增强。因此，互连线间的耦合作用导致单粒子效应影响电气不相关路径的电路，发生单粒子串扰，大大提高了电路对单粒子效应的敏感性，增加了电路的软错误率。因此，迫切需要开展单粒子串扰效应的分析和研究，为在辐射环境中应用的集成电路设计和开发提供理论基础和技术支撑。

目前，国内还缺少系统介绍互连线串扰效应的教材或著作。著者在课题组长期积累的研究成果的基础上，从互连线的基础理论、寄生参数提取、等效模型建立、串扰机理分析、串扰效应对单粒子效应的影响、基于导纳的单粒子串扰建模分析、串扰效应下的单粒子瞬态传播特性及分布式模型、碳纳米材料互连线的单粒子串扰效应及工艺波动下的单粒子串扰效应等方面，总结和论述了互连线的单粒子串扰效应。本书可作为微纳电子学、空间电子、电路与系统、半导体物理和电子器件、电路仿真、互连串扰效应建模和应用等领域相关教师、学生和科研人员的参考书。

全书共7章。第1章为绪论，第2章介绍互连线串扰的基础理论及模型，第3章分析互连线串扰效应对单粒子效应的影响，第4章基于导纳研究两线和多线互连系统的单粒子串扰效应，第5章介绍串扰效应下的单粒子瞬态传播特性及分布式模型，第6章介绍新兴碳纳米材料互连线的单粒子串扰效应及温度的影响机理，第7章分析工艺波动对单粒子串扰效应的影响。

在本书的撰写过程中，著者参考了大量国内外同行的文献、著作和研究成果，在此对相关作者表示感谢。感谢著者所在的研究团队和同事对本书内容提供的支持和帮助，感谢杨晓阔教授、冯朝文博士等的研究工作对本书出版的贡献，感谢蔡理教授和朱静副教授对本书的润色和审校。

　　最后，感谢国家自然科学基金项目（No. 11975311, 11405270, 61172043）、陕西省自然基础研究计划重点项目（No. 2011JZ105）等对本书出版的资助。

扫码查看彩图

　　由于著者水平有限，书中难免存在不当或欠妥之处，敬请读者批评指正。

著　者

2024年6月

目　　录

第1章 绪 论

1.1 引言

随着空间技术、核科学和微电子技术的快速发展，越来越多的电子器件被广泛应用到航空、航天及战略武器的电子系统中，经受着恶劣空间辐射环境的严峻考验[1-2]。辐射环境中的高能粒子入射到电子器件的敏感区，累积能量，形成电离损伤[1]。随着器件特征尺寸的不断缩小，单粒子效应（Single Event Effect，SEE）成为最主要的电离损伤[2-4]。SEE是指单个高能粒子入射半导体器件的敏感区，累积能量，使得微电子器件、设备、子系统、系统的状态或性能发生可观测或可测量改变的现象。

据统计，自1971年至1986年，国外39颗同步卫星因各种原因造成的故障共计1589次，其中空间辐射相关的故障占71%，而在这些故障中，由SEE造成的故障占55%。在我国6颗同步卫星出现的故障中，与空间辐射相关的故障也达40%[2, 4, 5]。此外，国内外航天器故障的最新统计数据显示，在空间环境导致的航天器故障中，由SEE诱发的故障占28.5%。可见，SEE严重威胁着半导体器件及集成电路的可靠性，特别是在航空、航天等空间辐射环境中，可能导致灾难性事故的发生。常见的SEE包括单粒子瞬态（Single Event Transient，SET）和单粒子翻转（Single Event Upset，SEU）。

随着技术节点的不断缩减，SET对电路的影响日益严重[6-7]。随着电子器件尺寸的不断缩小，电路集成度大幅增加，工作时钟频率持续提高（高达数百MHz），使得SET被存储单元俘获的概率大大提高[7]；器件节点电容减小、电源电压降低，导致逻辑电路状态发生改变所需的电荷量随之降低，甚至低能粒子也可能诱发SET[8]，产生足够幅度和脉宽的瞬态扰动，极大地增强了电路对SET的敏感性[6-7]；逻辑门延迟减小，使得能无衰减传播的脉冲宽度和高度随之减小，且SET脉冲与时钟宽度相当，SET的加固变得愈加困难[7]，此外，SET也可能引发其他SEE，如单位/多位翻转（Single/Multiple Bits Upset，SBU/MBU）[9]。器件特征尺寸进入超深亚微米尺度后，SET引起的软错误率将超过SEU[7]，成为软错误的主要来源，已引起国内外专业领域的高度关注。2010年，IEEE核空间辐射效应会议（Nuclear and Space Radiation Effect Conference，NSREC）技术委员会专门针对

SET的研究成立了一个分会——Single Event Effects: Transient Characterization。大量实验仿真研究表明，在50nm节点以下，由组合逻辑电路中SET引起的系统失效率，已接近甚至超过时序单元引起的系统失效率[6]。因此，SET已成为威胁未来所用先进工艺集成电路（Integrated Circuit，IC）的可靠性的最主要因素。

进入超深亚微米尺度后，集成电路的晶体管数量从几十个发展到上亿个，功能也从最简单的逻辑运算，发展到集数据采样、处理、控制和运算于一体的多功能电路。数量众多的晶体管和不断缩小的器件特征尺寸，对高集成度芯片的设计提出了挑战。如何有效地连接数量庞大的晶体管（即互连），同时满足日益增加的时钟频率，已成为超深亚微米级工艺阶段集成电路设计的一个关键问题。如图1.1所示，随着技术节点的不断缩小，逻辑门时延越来越小，而互连线时延却越来越大，甚至超过逻辑门时延，严重制约了电路设计在速度上的进一步提升。

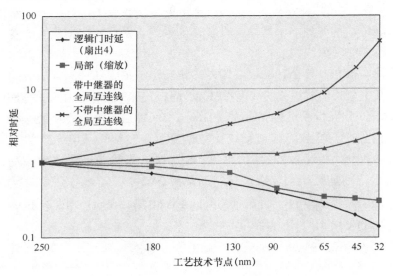

图1.1　互连线与逻辑门时延预测图[10-11]

同时，互连线的线间距不断缩小、厚宽比增大，导致互连线间的容性耦合效应显著增加，特别是工艺技术进入超深亚微米尺度后，互连线上的时钟频率、耦合长度和信号转换速率，都使得感性耦合效应开始显现[12]。容性和感性耦合效应的显著增加，导致相邻互连线间的串扰噪声成倍增加。互连线上传输信号的逻辑会因为足够大的串扰噪声的影响而发生错误，进而诱发软错误。

作为一种高能粒子诱发的信号扰动，SET可能会因互连线间的串扰效应给其他电气不相关路径的电路带来扰动影响，发生单粒子串扰（Single Event Crosstalk，SEC），进而加大电路对SET的敏感性，增加电路的软错误率，威胁电路的可靠性。因此，迫切需要开展单粒子串扰效应的分析和研究，这为辐射环境中所用集成电路的设计和开发提供理论基础和技术支撑，对改善电路的串扰效应和优化电路的可靠性具有重要的理论指导意义与潜在的工业应用价值。

1.2　互连技术

　　由于早期电路的工作时钟频率较低，设计者在研发集成电路时只需考虑互连线的电气连接即可。然而，随着互连线密度的增大、时钟频率的提高，互连线逐渐出现了很多问题，如过冲、欠冲、串扰等；因此，在先进集成电路的设计中，互连线已成为设计的一个重要瓶颈，引起了人们的广泛关注。互连技术也已普遍采用铜工艺替代早期的铝工艺，由于铜材料的较低电阻率及采用大马士革工艺，在深亚微米级，互连线的性能得到了极大的提高；同时，随着技术的不断进步，也涌现出了一些新的互连技术或工艺方法。

1.2.1　铝互连技术

　　金属铝因其电阻率低、工艺成熟、易于沉积刻蚀的特点，成为电路互连最早选用的材料[12-14]。互连工艺由铝在晶圆表面的沉积开始，通过选择性刻蚀产生布线图案，接着沉积电介质绝缘体材料，最后利用化学机械抛光（Chemical Mechanical Polishing，CMP）工艺使粗糙的表面变得平坦。图1.2所示为铝互连的工艺流程图。

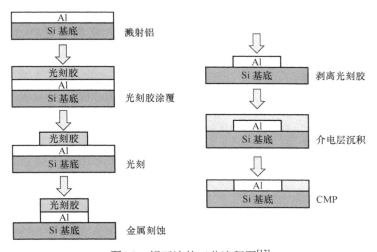

图1.2　铝互连的工艺流程图[13]

随着工艺技术的不断进步，当集成电路发展到甚大规模集成电路时，由于互连线宽度减小、层数增加及线间距减小，铝互连暴露出了很多不足，如尖楔现象、电迁移现象等[13-14]，不能满足集成电路的性能要求。

尖楔现象是一种非对称溶解引起的现象。铝在硅中的溶解度很低，而硅在铝中的溶解度却很高，导致沉积在硅片上的铝与硅接触时，硅溶入铝中而产生裂缝，铝原子进入裂缝形成尖楔，导致半导体器件的PN结失效。为了解决该问题，采用的主要方法是制备铝硅合金互连线、在铝互连线与硅片之间沉积阻挡层、在沉积铝之前于硅基底上沉积一层磷或砷、对多晶硅进行掺杂以降低硅在铝中的溶解度等。

电迁移现象是一种在大电流密度作用下的质量输运现象，是所有金属互连线工艺都必须解决的问题。金属原子沿电子流动方向进行迁移，在阳极附件堆积成丘，造成互连线间的短路；在阴极附件形成空洞，使互连线开路或断裂，造成断路。为了解决该问题，通常采用合金化的方式减弱铝的扩散，也可通过优化铝互连线的线结构来降低电迁移效应。最普遍的方法是采用竹节结构，此时，金属线的活化能最低，平均失效时间最短。

然而，不管采用何种方法，都只能在一定程度上缓解铝互连线存在的电迁移等问题，并且会导致互连线的加工工艺更加复杂，制造成本增加。随着器件特征尺寸的不断缩小及对集成电路性能要求的不断提高，需要寻找性能更加优异的互连线材料和互连技术。

1.2.2　铜互连技术

表1.1中列出了常见金属互连线的主要性能参数。铜具有更低的电阻率、较高的熔点、较强的载流能力和较好的抗电迁移特性，成为当前集成电路普遍采用的互连材料。与铝互连技术不同，铜互连技术采用的是嵌入工艺，即大马士革工艺：首先沉积介质，接着将金属填入沟槽，然后进行CMP，去除介质表面的过量铜。铜互连的工艺流程图如图1.3所示。

表1.1　常见金属互连线的主要性能参数

参　　　数	Cu	Al	Ag	W
电阻率（$\mu\Omega\cdot cm$）	1.67	2.67	1.63	5.65
熔点（℃）	1085	664	962	3387
热导率（W/cm）	3.98	2.38	4.25	1.74
电阻的温度系数$\times 10^3$（K^{-1}）	4.3	4.3	4.1	4.8
热膨胀系数$\times 10^6$（$℃^{-1}$）	17	23.5	19.1	4.5

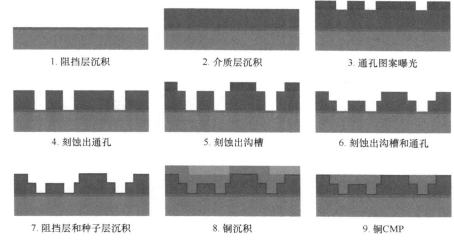

1. 阻挡层沉积　　　　2. 介质层沉积　　　　3. 通孔图案曝光

4. 刻蚀出通孔　　　　5. 刻蚀出沟槽　　　　6. 刻蚀出沟槽和通孔

7. 阻挡层和种子层沉积　　　　8. 铜沉积　　　　9. 铜CMP

图1.3　铜互连的工艺流程图

　　铜互连工艺的步骤包括[15]：① 沉积一层扩散阻挡层和刻蚀终止层，通常选用氮化硅；② 沉积一定厚度的氧化硅作为介质层；③ 光刻出微通孔；④ 利用光刻胶对通孔以外的部分进行保护，然后采用刻蚀技术刻蚀出通孔；⑤ 刻出沟槽；⑥ 刻蚀出完整的通孔和沟槽；⑦ 运用物理气相沉积（Physical Vapor Deposition，PVD）工艺溅射沉积铜的扩散阻挡层及用于后道电镀用的铜种子层；⑧ 铜互连工艺中铜的电镀工艺；⑨ 铜的退火和化学机械抛光（CMP），对沉积的铜进行平整化处理和清洗。

　　经过多年的发展，铜互连工艺已成为现代集成电路互连的主流技术，并且日益成熟、完善，但随着技术节点的不断缩小、电路集成度的不断提高，铜的电阻率逐渐升高，电迁移现象更加严重，互连可靠性降低。而低k介质的热导率很低，散热能力很差，特征尺寸的缩小和器件的密度增大导致电流密度增大，进而产生严重的自热效应。同时，特征尺寸的进一步缩小也导致电路的时延问题日益突出，出现了铜缩孔缺陷。

1.2.3　碳纳米材料互连技术

　　自从Kroto和Smalley在1985年发现碳纳米管（Carbon Nano Tube，CNT）后，世界范围内就掀起了一股碳纳米管热。碳纳米管为石墨管状晶体，是单层或多层石墨绕中心轴线按一定的螺旋角卷曲而成的无缝纳米级管。碳纳米管的每一层都是一个由碳原子通过sp^2杂化与周围3个碳原子完全键合后构成的六边形平面。碳纳米管具有很好的电学性能、力学性质（极高的强度、极大的韧性和良好的热学性能）、特殊的磁性能、高扩散率、高反应活性和催化性能，且能吸收电磁波。碳纳米材料的电子平均自由程大，具有良好的导电和导热能力，且其密度比金属更轻，载流能力比铜高出约2个量级，熔点更高，电阻温度系数更小。碳纳米材料和铜的常见参数如表1.2所示。作为大规模电路互连的一种有潜力的候选材料，碳纳米管引起了人们的广泛关注和重视。

表1.2 碳纳米材料和铜的常见参数

	Cu	SWNT	MWNT	石墨烯纳米带
最大载流密度（A/cm²）	10^7	$> 10^9$	$> 10^9$	$> 10^8$
电阻温度系数×10³（K⁻¹）	4	< 1.1	−1.37	−1.47
熔点（K）	1356	3773（石墨）		
抗拉强度（GPa）	0.22	22.2±2.2	11～63	—
热导率（W/m·K）	385	1750～5800	3000	3000～5000
平均自由程（nm）	40	> 1000	25000	1000

    根据结构数的不同，碳纳米管分为单壁纳米管（Single Walled NanoTube，SWNT）、多壁纳米管（Multi Walled NanoTube，MWNT）和石墨烯纳米带（Graphene Nano-Ribbon，GNR），如图1.4所示。

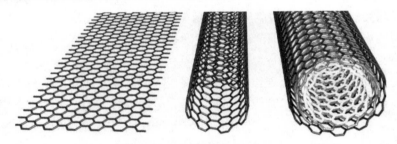

图1.4   石墨烯纳米带、单壁纳米管和多壁纳米管[16]

    SWNT由一层石墨烯卷曲组成，又称富勒管；MWNT含有多层石墨，形状像同轴电缆。SWNT的直径一般为1～6nm，最小直径为0.5nm；MWNT通常是由2～50个单层管组成的同轴管，层间距约为0.34nm。

    CNT具有独特的原子排列，因此具有独特的能带结构和物理性质，这些性质很大程度上由CNT的结构所呈现的手性决定，即与石墨烯卷曲成CNT的角度有关。根据卷曲方式的不同，CNT分为对称的非手性结构和不对称的手性结构，其中非手性结构包括扶手椅型和锯齿型。

    卷曲方式由手性角θ和手性矢量C_h决定。图1.5中显示了石墨层的蜂窝结构示意图，其中C_h表示碳纳米管圆周的方向，它们首尾相连形成CNT，a_1和a_2表示基矢，且存在如下关系：

$$C_h = ma_1 + na_2 \tag{1.1}$$

$$a_1 = a_2 = \sqrt{3}a_{c\text{-}c} \tag{1.2}$$

式中，m，n是整数，$a_{c\text{-}c}$是相邻碳原子间的距离，一般为0.142nm。参数(m,n)决定碳纳米管的螺旋特性和周长，不同的(m,n)可以形成不同手性的CNT。

由上述关系，可得C_h、CNT的直径D和手性角θ分别为

$$C_h = \sqrt{3}a_{c\text{-}c}\sqrt{m^2 + mn + n^2} \tag{1.3}$$

$$D = \frac{\sqrt{3}}{\pi}a_{c\text{-}c}\sqrt{m^2 + mn + n^2} \tag{1.4}$$

$$\theta = \arctan\left(\frac{\sqrt{3}m}{2n + m}\right) \tag{1.5}$$

可见，对手性指数(m,n)而言，当$m = n$时，C_h刚好处于a_1和a_2的角平分线上，此时CNT为扶手椅型；当$m = 0$或$n = 0$时，C_h与a_1或a_2重合，此时CNT为锯齿型；对于其他情况，CNT为螺旋型（或手性型）。

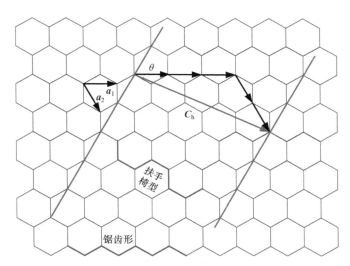

图1.5 石墨层的蜂窝结构示意图

目前，尽管CNT的制备技术发展得很快，也比较完善，但将其作为互连导线集成到电路中的技术还不太成熟，主要问题是当互连尺寸和互连精度的量变超过一定的尺度时，尺寸效应将导致互连过程的能场作用规律和互连原理产生质变，而这会严重制约CNT电子器件互连线路的可靠性和稳定性。为了克服这一技术性难题，当前的互连工艺主要从微观领域采用物理或化学等方法来实现。

1．化学气相沉积技术

CNT的制备过程主要采用电弧放电和化学气相沉积技术（Chemical Vapor Deposition，CVD），其中CVD是通过含碳气体在催化剂作用下裂解实现的。

因此，可以首先利用该特点直接将CNT自下而上生长在所需的电极上，然后根据需要配合机械转移和黏合技术将CNT置于其他电极上，最后利用倒装芯片键合技术实现两电极上CNT的互连。

采用倒装芯片互连的方法来实现碳纳米管束的集成及其与基底的黏结的过程如下：首先在底部的基片和需倒装的基底上采用CVD方法生长出齐整的高密度碳纳米管束，然后利用典型的倒装芯片键合技术将上方倒装基片上的碳纳米管束与底部基片对齐，接着在外力作用下将上方基片的碳纳米束插入底部基片上碳纳米管束的间隙，CNT会因范德华力而保持在一起，形成互相连接的更高密度的碳纳米管束。CVD结合倒装键合技术实现CNT互连的过程如图1.6所示。

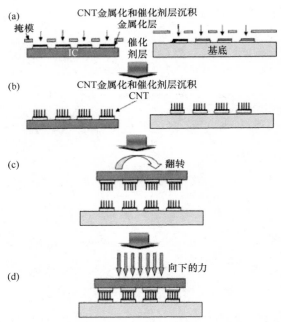

图1.6　CVD结合倒装键合技术实现CNT互连的过程

在传统CVD技术的基础上，人们对此进行了改进，提出了等离子体增强的化学气相沉积技术（Plasmon Enhancement Chemical Vapor Deposition，PECVD）来实现CNT的互连过程。

采用CVD技术多数是为了解决碳纳米管束或基团与电极的互连，且基本上需要复杂且超精细的模版。CNT不能总按预先设好的区域进行生长，且由于直接在金属层上放置催化颗粒会出现移位现象，因此对今后互连线的工艺容差是一个潜在的问题。

2．高能束辐照技术

对于CNT的辐照互连，所用的高能束主要有电子束、离子束和激光束，但由于激光束的波长较长，存在衍射极限，且聚焦辐照的尺寸较大，不及聚焦电子束或离子束几纳米尺度的分辨率，因此易对大面积内的CNT造成缺陷损伤，且有可能使之转化为无定形碳。

1）电子束辐照技术

利用透射电子显微镜（Transmission Electron Microscopy，TEM）对加热到800℃的SWNT的交错连接部位进行电子束轰击，重新组合连接部位的碳原子网络，将得到X形、Y形和T形的互连点，实现完全C-C原子互连网络的连接，连接处的成键结构为sp^2和sp^3组合形式。

除了对CNT的碳原子网络结构进行重组，还可采用电子束诱导沉积（Electron Beam Induced Deposition，EBID）的方式实现CNT互连，即采用电子束辐照碳氢化合物，使碳氢化合物分解产生无定形碳，在CNT连接处形成类似于钎焊的互连点。

为解决降低CNT基纳米器件阻抗所面临的挑战，可采用EBID技术沉积石墨化碳的方式，在低温制造过程中实现端部开口型MWNT与金属电极的欧姆接触，使欧姆接触电阻从26.5kΩ降低至116Ω，这对未来互连技术的广泛应用具有重要的指导意义。

2）离子束辐照技术

与电子束辐照技术类似，可以使用高能量离子束辐照CNT来重组碳原子网络结构，进而实现互连过程：首先选取分布有交叉或相互关联MWNT的网栅，并装入靶室，接着使用50keV的C^+离子垂直均匀辐射TEM网栅，然后采用TEM观测和分析得到所轰击互连区域的结构，且在MWNT的交叠区出现无定形碳，如图1.7所示。

3．超声波振动互连技术

利用超声波振动技术可以实现CNT与电极的互连，如图1.8所示。

图1.7　离子束辐照CNT形成的无定形碳结构互连点

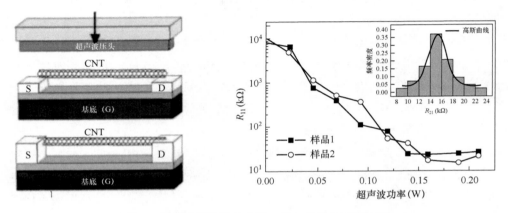

图1.8　超声波振动技术实现CNT与电极的互连过程

　　首先使用超声波振动技术分散那些聚团的SWNT，并将它们沉积到基片表面上，接着利用介电泳效应将它们搭接到硅基底的金属钛电极上（电极的尺寸为40μm×40μm×105nm，两个电极间的桥接距离为1μm），然后采用粗糙度为0.2nm、表面积为50μm^{2}的单晶Al$_2$O$_3$焊头实施纳米焊接过程（互连过程采用的压力为78.4mN，超声频率为60kHz），使超声能量通过焊头转移到互连表面上；根据超声波软化处理理论，室温条件下超声振动0.2s即可实现SWNT与金属电极的互连。实验结果表明，连接处的机械强度很高，且每微米金属型SWNT的阻抗为8～24kΩ。

　　除了上述方法，常用的CNT制备方法还包括激光烧蚀法、固相热解法、电弧放电法、辉光放电法、气体燃烧法、聚合反应合成法等。GNR的合成方法包括化学气相沉积法、微机械力剥离法、SiC外延生长法、物理超声法和化学反应法。CNT互连线采用"自下而上"的制备方式，可使CNT互连不存在填充接触孔的空洞问题，但存在CNT生长不规律、有一定错位的缺点。

1.3　单粒子瞬态效应

1.3.1　辐射环境

自1957年以来，人类向太空中发射了大量的航天器。太空中存在各种辐射粒子场，辐射粒子主要包括γ光子、电子、质子、α粒子和各种重粒子，它们共同构成空间中的辐射环境，严重威胁着在轨航天器的安全运行。美国宇航局统计和分类了导致航天器故障的因素（见图1.9），包括等离子体充电、辐射效应、地磁场、热效应、流星体及空间中的各种碎片。虽然故障因素众多，但空间环境的辐射效应是导致航天器故障的主要原因。

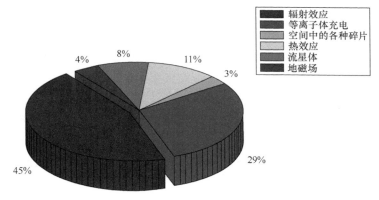

图1.9　导致航天器故障的因素[17]

空间辐射是宇宙射线的初级和次级产物，主要分为电磁辐射、地球辐射带（位于赤道上空的内外范·艾伦辐射带）、太阳宇宙射线和银河宇宙射线等。空间辐射环境分类如表1.3所示。

表1.3　空间辐射环境分类[18]

类　型	主要辐射源	分布区域
电磁辐射	太阳耀斑的X射线和γ射线	广泛分布于太阳系
地球 辐射带	内辐射带：主要成分是质子、电子等，电子能量大于0.5MeV，质子能量为0.4~50MeV，最大积分通量大于$10^8 \mathrm{cm}^{-2}\mathrm{s}^{-1}$	赤道面600~10000km高度
	外辐射带：易受太阳活动的影响，主要成分是质子和电子，其中质子的能量低且含量少，但电子能量达0.04~7MeV且含量高	赤道面10000~60000km高度
太阳 宇宙射线	主要是高能质子、重粒子和电子，能量为10~1000MeV	广泛分布于太阳系

类 型	主要辐射源	分布区域
银河 宇宙射线	大量质子、α粒子和少量高能粒子，能量超过10^4MeV，通量低	太阳系内和太阳系外

宇宙射线包括银河宇宙射线和太阳高能粒子[19-21]。银河宇宙射线源于太阳系外银河的高能强电离粒子[20-21]，主要包含98%的质子和重离子，以及2%的正负电子，能量从几十MeV到100亿GeV，通量为2～4 cm^{-2}s^{-1} [22]。宇宙射线是带电的粒子，与地磁场作用后，会在地球周围形成范·艾伦辐射带。高能重离子（尤其是铁离子[23-24]）的强度较高、能量较大，具有很高的线性能量传递（Linear Energy Transfer，LET）性和很强的穿透性，可穿透整个航天器，并在穿透过程中沉积大量能量，因此损伤能力非常强。

太阳高能粒子是太阳发生耀斑时发出的高能带电粒子流[20]，其成分大部分是质子，还有少量的电子和重离子（氦离子到铀离子），能量从几十MeV到几千MeV。具有一定能量的宇宙射线带电粒子会克服地磁场的屏蔽作用[19, 21]，射入足够低的地球空间，在入射过程中，与大气中氮、氧等的原子核发生核裂变反应，产生大量轻粒子[25]，包括中微子、光子、电子、μ介子、π介子、质子和中子等[22, 25]。这些初级和次级粒子形成了复杂的空间辐射环境。在所有这些次级粒子中，中子是影响现代电子学地平面敏感性的自然辐射中的最重要部分，原因是电子不带电，可深入穿透半导体材料，并通过核反应与靶材料的原子相互作用，产生次级电离粒子，这种机制称为"间接电离"。

地面辐射是半导体器件在加工过程中引入的高能粒子[26]，如放射性杂质发出的α粒子，以及离子注入、电子束、干法刻蚀等工艺引入的高能粒子等。有些封装材料中有少量放射性元素，它们也可能使得芯片发生辐射效应。

1.3.2 SET的产生与仿真

辐射环境中的高能粒子撞击器件的敏感区，如体硅器件的漏区或SOI器件的栅注入区[27]，转移能量，累积电荷，产生大量的电子-空穴对，在电场作用下，电子和空穴分离，器件源/漏极和衬底间通过漂移、扩散作用收集电荷，产生SET脉冲[2, 28]。可用漏斗模型[29]形象地描述SET脉冲的形成过程，如图1.10所示。

若PN结加载正偏电压V_0，就会形成空间电荷浓度为N_A的耗尽区。当高能粒子垂直入射时，产生一个半径约为100nm的电子-空穴对等离子体柱，如图1.10(a)所示。此时，等离子体柱的密度比衬底掺杂浓度高几个量级，达10^{18}～10^{19}cm^{-3}。在极短的时间内，这些高浓度电子-空穴对中和周围的耗尽层，压缩空间电荷区，如图1.10(b)所示。当耗尽层进一步消失时，由于失去该层的屏蔽作用，V_0产生的电场推进到衬底内部，电场等位线向下延伸，呈"漏斗"状，如图1.10(c)所示。在电场作用下，电子和空穴分离，器件源/漏极和衬底间通过漂移、扩散作用收集电荷，形成扰动电流。整个电荷收集过程的时间很短，一般不大于1ns。

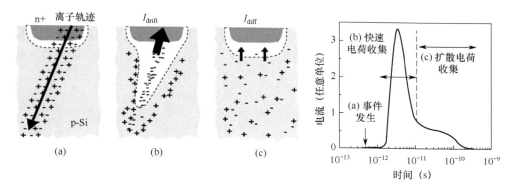

图1.10 电荷产生、收集过程及形成的电流脉冲[1]：(a)高浓度电子-空穴对等离子体柱的形成；(b)空间电荷区被压缩；(c)漏斗状电场等位线的形成

由于辐照实验成本相对较高且周期长，而计算机可以高精度地模拟高能粒子与器件的作用过程，花费小、设计灵活，因此建模仿真在辐射效应研究中占有非常重要的地位。器件的SET一般通过技术计算机辅助设计（Technology Computer Aided Design，TCAD）工具来仿真，如Synopsys[30]、Silvaco[31]等。SET的横截面和脉冲宽度为加固设计提供非常重要的信息，且它们会随着技术节点、晶体管尺寸、电路操作参数的变化而变化。逻辑门类型、阈值电压、晶体管尺寸、输出负载电容、阱/体硅接触配置，都对SET的数量和宽度产生影响。郭红霞等[32]用MEDICI对SEU进行了仿真，发现电荷产生、收集过程的仿真结果与漏斗模型的结果相一致；Dodd等[33]综述了硅基MOS器件与电路发生SEU的物理机制、加固技术和建模方法；张晋新等[34]建立了锗硅异质结晶体管的SEE的三维损伤模型，研究了不同偏置状态对晶体管单粒子效应的影响；Sayil等[28]对90nm工艺的CMOS逻辑电路中的单粒子串扰、屏蔽作用进行了仿真；刘必慰等[35]使用3D手段模拟了超深亚微米级工艺的SEU加固单元的多节点翻转，结果表明瞬时悬空节点和电荷横向扩散是多节点翻转的关键原因；Alvarado等[36]构建了部分耗尽SOI MOSFET仿真模型，数值描述了粒子诱导的电流模型，分析了温度对阈值电压和载流子迁移率的影响。

随后基于TCAD分析了掺杂浓度、LET、晶片厚度、fin高度、工作频率等因素对电荷收集、脉冲宽度、临界电荷等产生的影响。研究表明，降低源区掺杂浓度、增加漏区或衬底掺杂浓度等，会使SET电压峰值减小、脉冲宽度变窄[37]；电荷收集总量与LET呈线性增长关系，但随着LET的增加，SET脉冲宽度的增长率逐渐减小[38]；较大的晶片厚度会增加电荷收集量[39]，提高器件的SEE敏感性；随着fin高度的增加，电荷收集量和临界电荷均增加，但电荷收集量增加率高于临界电荷增加率，对SEE的敏感性提高[39]；一些重要工艺参数的起伏变化会对电荷收集产生显著影响[40]，进而影响电路中传播的SET脉冲宽度。对于最佳工艺拐角，离子轰击后收集的电荷量可降低约38%，而在最坏工艺拐角下收集的电荷量会增加79%[40]。

1.3.3　SET 的传播与捕获

SET脉冲在电路中传播到达时序单元的输入端时，会诱发软错误（如SEU、单粒子功能中断等）。软错误率（Soft Error Rate，SER）用于描述SEE对电路的影响。SER越低，SEE对电路的影响越弱；SER越高，SEE对电路的影响越严重。因此，对SER值的估计就成为量化SEE对电路影响的一种重要方式。Petersen等[41]指出，SER是器件尺寸和临界电荷（产生SEE所需的最小电荷量）的函数，且SER不会随着器件特征尺寸按比例缩小而急剧增加。Adams等[42]指出，单个高能粒子会导致存储器的数据发生变化，可能会对微纳电子电路造成永久性损伤，并且提出了一个计算SER的经验模型。Firouzi等[43]提出了一种考虑动态电压和频率扫描效应的SER估计模型。

很长时间以来，人们认为SET脉冲在电路中传播时会受到三种遮掩效应（电气、逻辑和锁存窗口遮掩效应）的影响而被衰减或消除[2, 6, 44-48]，因此SET并未引起人们的重视。人们一直认为SEU是电路软错误的主要来源，并就如何消除SEU开展了大量研究[49-50]。然而，随着技术节点的不断缩减，节点电容减小、电源电压降低，产生SET的临界电荷减少，敏感性增强。同时，时钟频率的提高和电路流水线深度的增加削弱了SET传播过程中的遮掩效应，增加了SET被时序单元捕获的概率，导致SET成为电路最主要的可靠性威胁，因此受到了人们的广泛关注。

为了准确分析电路对SET的敏感程度，必须对SET的传播和捕获进行深入研究。通常采用基于仿真的故障注入方法来分析SET的传播[47]，但这种方法的运行时间较长，不适合分析大规模复杂电路。为了克服该问题，人们提出了基于分析的方法来加速模拟SET的传播过程[6, 46]。模拟逻辑电路的遮掩效应时，运用了大量的理论和方法，如概率论、图论、电路和故障仿真、查找表、决策图等[6]。

此外，电荷共享效应会诱发脉冲淬火现象[9, 48, 51-52]，使得SET在传播过程中被衰减或消除。随着电源电压的降低，传播的SET脉冲宽度增加，且与反向衬底偏置相比，正向衬底偏置的电路更易发生电荷共享，因此能有效减小SET脉冲的宽度[52]。同时，负偏置温度不稳定性（Negative Bias Temperature Instability，NBTI）和扇出重汇聚会使得SET在传播过程中展宽[46]。研究表明，SET脉冲上升时间和下降时间的差异会引起输出脉冲宽度的展宽或衰减[6]；当输入SET脉冲的上升/下降时间比逻辑门的转换时间长时，逻辑门的输出脉冲宽度会被输入脉冲宽度调制，由浮体效应诱发脉冲展宽（Propagation Induced Pulse Broadening，PIPB）[48]，在体硅和SOI器件中均观察到了PIPB，脉冲展宽的程度依赖于晶体管尺寸和传播路径的长度[53]；脉冲的宽度和幅度可决定其是否会被逻辑门的电气遮掩屏蔽[6]。

当SET在组合逻辑电路中传播时，存在脉冲展宽或衰减[6, 48]，且其受门级晶体管设计、传输路径、输入矢量及脉冲极性等多个因素的影响，这对SET脉冲的传播和捕获研究提出了新挑战。

同时，技术节点缩小带来的电路密度增加导致晶体管间距缩小，所以单个高能粒子入射器件时会对邻近的器件产生影响，发生双极放大和电荷共享效应，诱发多事件瞬态（Multiple Event Transient，MET）或MBU[4]。MBU主要由粒子倾斜入射多个器件或器件间的电荷共享诱发，且随着粒子入射角度的增加，MBU的多样性、翻转位数和百分比均明显增加[53]，然而，器件尺寸进入超深亚微米尺度后，电荷共享效应成为MBU的主要诱因，这是必须特别关注的效应，需要深入研究电荷共享效应、粒子径迹分布对MBU的影响等。

1.3.4 SET的加固

由于存在遮掩效应，SET在逻辑电路中传播时会被衰减或消除，因此一定程度上对电路起到了防护和加固的作用。然而，随着技术的不断进步，电路工作的时钟频率提高、集成度增加、流水线深度增加，导致遮掩效应对SET脉冲的屏蔽作用降低[6]。

目前，主要的抗辐射加固技术包括技术加固、设计加固和系统加固[54-55]。最常见的是设计加固和系统加固。

技术加固主要从工艺上提高器件的抗辐射能力，如SOI工艺[49, 55]、外延体积CMOS工艺[54]，以及具有天然抗辐射能力的新兴纳电子器件等[4]。由于SOI技术具有较好的抗辐射性能，世界各国非常重视SOI技术的开发与应用。然而，SOI器件的寄生双极管放大效应会削弱SOI技术在抗单粒子辐射方面的优势，严重制约其抗SEE的能力[49]。因此，为了加固SOI器件，必须尽量消除或削弱寄生双极管放大效应，如为浮空体区添加体接触来减小SOI技术中的寄生效应[49]。常见工艺材料的抗辐射加固性能与应用如表1.4所示。

表1.4 常见工艺材料的抗辐射加固性能与应用[18]

工艺材料	特 点	应用现状
SOI	具有良好的工作温度适应性，免疫单粒子闭锁，对其他SEE的敏感性较低	由于SOI材料对噪声电流的敏感性比硅材料大等缺点，目前尚未大规模应用
SOS	抗辐射能力比硅器件强	由于成品率低、成本高，目前的研究和应用趋于减少
Si	技术成熟、成本低，有一定的抗辐射能力	广泛应用于电子器件，但抗辐射性能不能满足空间环境任务的需要
GaAs	开关速度快、频率高、工作温度适应性好，抗TID能力极强	由于残次品率高、集成度低、成本太高，主要应用于太阳能电池
SiC	具有较高的击穿场强与结温，抗中子辐射能力至少是硅的4倍	晶片成本较高，主要用于高压整流单元
GaN	耐高温、耐高压、大功率、高频率，抗辐射能力明显高于硅器件	由于材料质量差、工艺技术落后以及可靠性等问题，未大规模应用
SiGe	对TID具有天然的鲁棒性	处于研究和发展中的加固材料
金刚石	高频率、大功率、耐高温，抗辐射能力较强	制作集成电路、辐射探测器等，预计会成为下一代抗辐射能力最强的材料
铁电材料	抗TID和SEE的能力很强	制作抗辐射的铁电存储器、薄膜铁电材料和铁电电容

设计加固是通过设计电路结构等来实现的加固技术，但其通用性较差，需要根据电路的结构和用途来进行专门设计，如针对存储单元的加固技术，包括具有选举权的三模冗余、栅电阻加固、反馈结构加固，以及汉明编码、解码逻辑模块等[56]。三模冗余是集成电路设计领域应用非常广泛的加固手段，其核心思想是同时利用三个完全相同的电路结构传输信号，用一个多数表决电路输出表决。这种方法设计简单，但硬件资源开销较大，同时会增大SEE的敏感性。在三模冗余电路中，表决器是电路单粒子功能中断的敏感位置，其加固方法还需要进一步研究[7]。组合逻辑电路的加固方法包括有源偏置隔离阱晶体管加固[57]、敏感结点传播路径选择性加固[58]等。

系统加固是通过软件或硬件系统来实现加固的方法，如变量复制、基于结构冗余的三模冗余和基于信息冗余的错误纠错冗余等[54-55]。此外，加固技术还有时间冗余、C元素冗余及其相关的改进方法。

对于超深亚微米电路的加固设计，需要考虑的两个关键因素为故障容错性和功耗[59]。针对SET的瞬态特点，Choudhury[60]等采用电源电压和器件尺寸优化技术，为70nm集成电路的可靠性和功耗给出了一种折中的加固方法；Zhou等[61]对70～180nm范围的电路，利用逻辑门的不同逻辑遮掩概率对遮掩概率最小的逻辑门进行加固，在提高电路可靠性的同时，可使得面积、功耗、时延开销最小；Almukhaizim等[57]基于关联功能性冗余互连线的选择性增加，采用电路的逻辑功能，提出了一种减少软错误的设计方法，以降低SET到达主输出的概率，进而提高系统可靠性。Chen等[62]基于物理机制，采用抗辐射设计（Radiation Hardened By Design，RHBD）技术加固90nm CMOS电路，通过减少SET的脉冲宽度实现了抗辐射性能；Smith[58]利用两模冗余技术检测了时序电路中SET的发生，发生SET时，将电路"冻结"，随着时间变化，SET逐渐消失，再将电路"解冻"，通过该操作实现时序电路的抗SEU和SET加固。

1.4　互连线的时延、建模及串扰效应

1.4.1　互连线的时延估算

工艺进入超深亚微米尺度后，集成电路的规模越来越大，器件特征尺寸不断缩小，时钟频率不断增加，导致片上互连线呈现出明显的传输线效应，由此引起的信号传输时延已成为影响高速集成电路性能的主要因素。因此，准确、高效、简便地估计互连线的时延，对大规模集成电路的设计与分析具有重要意义。

在时域中，Wong等[63]将互连线的时延定义为输出电压上升到输入电压的0.9倍时所对应的时间。他们基于麦克斯韦方程和互连线的分布式RC模型得到传递函数，通过泰勒一阶多项式的近似方法简化计算过程，得到了时延的解析式。李长辉等[64]在互连线的分布式RC模型基础上，综合驱动电阻、负载电容和线间耦合电容对时延的影响，给出了两线和三线时延的简单经验公式，在0.25μm工艺下，经验公式与SPICE的相对误差小于10%。Cho[65]通过对N端口的RC网络反复迭代求解，得到了互连线的串扰效应，并将该算法引入时延估算，有效地提高了估算精度。

在频域中，Maffezzoni等[66]将单导线的Picard-Carson（PC）方法推广到m条容性耦合的互连线，将传递函数的ABCD矩阵展开为矩阵多项式，并且通过迭代

方式得到多项式的矩阵系数，然后进行逆拉普拉斯变换，得到了输出电压的时域表达式。然而，对 s 域中的传递函数（尤其是比较复杂的高阶传递函数）进行逆拉普拉斯变换仍然存在一定的困难，常用方法是近似处理，如泰勒展开。为了降低在 s 域中运用近似方法转换到时域带来的误差，Chen 等[67]提出用分段线性函数和指数函数来近似拟合输出波形，不用进行逆拉普拉斯变换，直接在 s 域中进行比较，得到了互连线的时延，减小了估算误差。

基于 RC 的 Elmore 模型因其简单的时延迭代公式，已成为一种广泛应用的时延估算模型。然而，随着现代电路对时延估算精度提出的更高要求，需要估算精度更高的互连线时延模型。Elmore 模型未区分耦合方向性，也不能得到输出信号的转换时间。同时，随着工艺技术的不断发展，感性耦合效应对互连线性能的影响日益明显，不得不考虑寄生电感对时延的影响。因此，需要估算精度更高的时延模型。

基于等效 Elmore 时延模型和分段分布参数的思想，提出了一种改进的 RLC 互连时延的解析模型[68]，该模型考虑了互连线温度分布效应和电感效应对时延的影响，对于简单的树形互连线结构，误差小于 10%。对于复杂的树形互连线结构，利用树结构的特点，通过树节点左右子树的总电容之比来估算该节点的电流分配比例，进而得到主路径上每条互连线的"等效 ABCD 矩阵"，通过矩阵的级联性质及矩阵元素的二阶矩匹配对比，得到近似的传递函数，最后通过数值拟合得到解析的 50%时延的估算模型[69]。

求解传递函数时，上述时延模型均将每个分布式线元视为一个整体来处理。除了这种处理方式，也可采用解耦的方式[70]。针对分布式的 RLC 互连线模型，在线元分析阶段引入变换矩阵对两条耦合线进行解耦处理，将原本耦合的线元解耦为两条独立的线元。通过引入变换矩阵，将传递矩阵对角化，利用对角矩阵的性质得到互连线的传递函数，最后利用二阶矩模型及改进的一阶模型化简传递函数，得到互连线时延的估计模型。此外，也可将互连线的时延视为两种时延的总和[71]：一种是由传播速度引起的电磁波的传输时延，另一种是由互连线分布参数引起的波形上升沿时延。首先计算互连线的电磁波传输时延，并在时域中左移系统，然后逼近左移后的系统，估算第二种上升沿时延，最后得到互连线的总时延。

1.4.2　互连线的建模分析

在互连线的建模方面，无论是考虑频变或工艺参数变化，还是考虑降阶，都需要一个精确的互连线模型。早期，互连线的集总式 RC 模型[72]可由不同拓扑结构的树形模型表示，其中的节点是子树与子树的交点，而每棵子树由一个串联的电阻和对地电容结构组成。互连线的RC模型相对简单，但随着信号频率的增加，不得不考虑互连线的感性寄生效应，因此需要考虑电感的影响[73]，且随着频率的升高，互连线寄生电阻增大，寄生电感减小，整体阻抗呈增大趋势，频率对电容的影响不显著[74]。

与实际高速电路最接近的模型应该是考虑寄生电感的RLC模型和考虑对地电导的RLGC模型。对于互连线的RLC模型，各种树形或其他拓扑结构的互连线网络可简化为π形等效模型[75]，等效方法为：首先求出互连线RLC模型及负载输入端的导纳表达式，然后进行泰勒展开，通过匹配π形等效模型的导纳对应的系数来确定等效模型的参数。对于互连线的RLGC模型，通常在s域中运用基尔霍夫定律和代数方程的方法，或者在时域中运用基尔霍夫定律和微分方程的方法，来得到互连线的状态空间模型[76]，其复杂之处是往往需要矩阵求逆或矩阵分解和乘法计算，或者要处理从频域到时域的转换等问题。为避免此问题，可直接给出闭合式ABCD矩阵的方法，建立互连线时域状态空间的超高阶模型，减少建模和仿真上的时间开销[74]。

然而，当互连线系统的等效电路规模达到数万到数十万时，直接分析如此大规模的电路是非常耗时的，甚至是不可能的。此时，可用模型降阶法[77-78]找到一个足够精确的小规模降阶系统来逼近原始大规模系统，有效降低互连线系统分析的复杂度。典型的模型降阶法分为时域模型降阶法和频域模型降阶法。时域模型降阶法包括基于切比雪夫多项式的方法、基于小波配置的方法、基于梯形法差分模型的方法、基于单步或多步积分的方法等，频域模型降阶方法包括AWE算法、Krylov子空间类算法等。

1.4.3　工艺波动的影响

互连线的工艺波动是指在集成电路制造过程中，由一些不理想的影响因素引起的工艺上的偏差导致工艺参数发生变化。互连线的工艺参数是指表征互连线几何结构和材料物理特性的参数，包括导体的形状尺寸、线间距，以及介质的分布和介电常数等。

互连线工艺波动的主要来源包含两个方面[79]：一是化学机械抛光（CMP）导致的互连线厚度不均匀；二是光刻导致的线边缘粗糙（Line Edge Roughness，LER）或线宽度粗糙（Line Width Roughness，LWR）。互连线的工艺波动主要影响的参数包括金属层厚度、层间介质厚度、线宽和线间距。

　　工艺波动对这些参数的影响主要体现在互连线寄生电阻、电感和电容参数的波动上，进而影响电路特性和互连线传输信号的完整性。李建伟基于工艺角理论[79]，分析了互连线RLC模型在工艺波动影响下的时延极值，并且进行了统计时延分析；Liu等[80]给出了一种考虑工艺波动情况的RLC互连线的降阶方法，该方法结合了矩阵扰动理论、主极点分析和Krylov子空间分析方法，可建立包含统计上独立的几何尺寸变化的降阶模型。Wang等[81]采用多项式混沌方法解决了互连线工艺波动的随机问题，得到了互连终端信号的半解析形式。张瑛等[82-83]考虑了互连线工艺波动的空间相关性，将互连线的工艺参数变化建模为具有自相关性的随机过程，采用数值仿真和拟合方法，得到了互连线电学寄生参数的近似表达式，进而统计分析了随机工艺波动对时延的影响，给出了线宽工艺波动下互连线时延统计参数的计算公式；郝志刚[84]在考虑参数相关的情况下，使用正交多项式表示了随机变量及关于其函数的分布，提出了一种符号化矩以及矩敏感度的计算方法，统计了工艺波动对互连线时延及信号完整性的影响，采用主元提取法及改进的加权主元提取法去除了参数间的相关性，并将正交多项式和稀疏网络的方法应用到了工艺波动对功耗的统计分析中。参考文献[79]基于传输线理论和互连线的分布参数模型，分析了工艺波动对互连线串扰噪声的统计影响[79]。李鑫等[85]通过解耦技术，在线元分析阶段对互连线随机模型解耦，同时分析了工艺波动下互连线的串扰噪声。

1.4.4　串扰效应

　　随着电路集成度及复杂度的持续增加，按比例缩小互连线尺寸会减小互连线横截面、线间距、互连线密度，增加引线层数[86]。互连线电阻、电容和电感的寄生效应会严重影响电路的性能，已经成为限制电路性能的重要因素之一。进入超深亚微米级工艺后，集成电路的集成规模由专用集成电路转变为片上系统和片上网络芯片，电路的时钟频率不断增加。因此，由邻近互连线的耦合作用引起的串扰噪声已成为影响系统芯片整体性能和信号完整性的重要因素之一[87]。

　　早期，寄生电感对互连线串扰的影响不显著，因此在研究互连线的串扰时通常不考虑寄生电感效应，而一般采用互连线的RC等效模型开展相关研究。参考文献[88]中提出了互连线的分布式RC串扰模型，并且根据偏微分方程给出了相邻容性耦合互连线的串扰峰值表达式；参考文献[89]在互连线的π形模型基础上，利用基尔霍夫电流定律得到了串扰电压的解析式。

　　当器件特征尺寸缩小到90nm后，寄生电感效应逐渐增强，感性耦合作用成为串扰噪声中不可忽略的因素。因此，互连线模型必须采用RLC模型或RLGC模型。参考文献[87]基于分布式RLC耦合互连线模型，采用函数逼近理论与降阶技术给出了串扰的数值表达式；参考文献[90]在线元分析阶段对耦合互连线模型进行复频域解耦，简化了串扰噪声的仿真分析过程。参考文献[91]基于时域有限差分（Finite Difference Time Domain，FDTD）方法对互连线的电流和电压在空间和时间上进行离散化，通过传输线的电报方程得到了互连线串扰的数值表达式，并对FDTD方法进行了改进，提出了一种无条件稳定FDTD（Unconditionally Stable FDTD，USFDTD）技术，构建了互连线的串扰模型[92]；参考文献[93]首先将两条串扰的互连线解耦成两条相互独立的传输线，然后根据传输线理论和基尔霍夫定律构建电路在s域中的ABCD参数矩阵，通过矩阵运算和逆拉普拉斯变换得到了串扰的时域表达式。

以上串扰模型均用于两线互连系统，对于三线及以上的互连系统，参考文献[94]利用符号运算，首先将感性效应主导的多线互连系统分解成基本单元，然后利用波形近似技术得到了多线互连系统的信号和串扰噪声的解析式。参考文献[95]将多条施扰线分解成单独的容性和感性噪声源，分析了感性和容性效应共同作用下的多线互连的串扰效应；参考文献[96]基于USFDTD技术和多壁碳纳米管（Multi-Walled Carbon Nano Tube，MWCNT）互连线的单导体模型，构建了三线互连系统的串扰模型。

随着制造工艺技术的不断发展，互连线层数不断增加，电路工作频率不断提高，使得每层互连线的温度都不相同，且高频时的趋肤效应显著，导致互连线的寄生电阻、电容和电感发生改变，进而影响互连线的串扰效应。研究表明，对铜互连线而言，温度对串扰的影响较小，频率对串扰的影响较大，在温度和频率的共同影响下，阻性负载下的远端串扰变大、近端串扰变小，容性负载下的近端串扰和远端串扰都变小[97]。对碳纳米材料互连线而言，温度变化将影响电子的平均自由程，因此，当互连线较长时，串扰的脉冲宽度随温度的变化更显著，而当互连线较短时，串扰的峰值电压对温度变化更敏感[98]。

针对单粒子串扰（SEC），Balasubramanian等[99]利用90nm的一个和两个光子激光吸收技术，测试了单粒子瞬态诱发的互连线串扰噪声，并且利用3D电路-器件混合仿真模型分析了两种不同电压下互连线长度和累积电荷量对SEC的依赖性；Sayil等[100-101]基于互连线的4π分布RC网络模型，提出了一种SEC预测模型，并且分析了温度对SEC的影响，研究表明，温度对互连线的寄生电阻和驱动晶体管性能产生影响，调整驱动晶体管偏置和温度传感器，可有效减弱温度引起的SEC；Liu等[102-104]分别基于导纳规则和矩阵运算构建了两线和多线互连系统的SEC解析模型，分析了技术节点、互连线长度对SEC的影响，以及统计误差和其来源。

1.5　本章小结

随着技术节点的不断缩小，由高能粒子诱发的单粒子瞬态（SET）效应严重威胁着先进集成电路在空间辐射环境中的可靠性。同时，由耦合作用引起的互连线的串扰效应进一步增加了电路对SET的敏感性。本章简要回顾了互连技术的发展历史，并从SET的产生、传播、捕获、加固等方面介绍了单粒子瞬态效应的研究现状，最后介绍了互连线的时延估算、等效模型分析，以及工艺波动对互连线性能的影响、串扰效应等内容。

参 考 文 献

[1]　Baumann R C. *Radiation-induced soft errors in advanced semiconductor technologies* [J]. IEEE Trans. Device Mater. Rel., 2005, 5(3): 305-316.

[2]　刘保军. 纳电子器件及电路在单粒子效应下的可靠性研究[D]. 西安：空军工程大学，2013.

[3]　Nilamani S, Ramakrishnan V N. *Gate and drain SEU sensitivity of sub-20-nm FinFET- and junctionless FinFET-based 6T-SRAM circuits by 3D TCAD simulation* [J]. J Comput. Electron, 2017, 16: 74-82.

[4]　Fang Y P, Oates A S. *Characterization of single bit and multiple cell soft error events in planar and FinFET SRAMs* [J]. IEEE Trans. Device Mater. Rel., 2016, 16(2): 132-137.

[5]　Fang Y P, Oates A S. *Neutron-induced charge collection simulation of bulk FinFET SRAMs compared with conventional planar SRAMs* [J]. IEEE Trans. Device Mater. Rel., 2011, 11(2): 551-554.

[6]　李悦，蔡刚，李天文，等. 基于四值脉冲参数模型的单粒子瞬态传播机理与软错误率分析方法[J]. 电子与信息学报，2016, 38(8): 2113-2121.

[7]　陈伟，杨海亮，郭晓强，等. 空间辐射物理及应用研究现状与挑战[J]. 科学通报，2017, 62: 978-989.

[8]　罗尹虹，张凤祁，王燕萍，等. 纳米静态随机存储器低能质子单粒子翻转敏感性研究[J]. 物理学报，2016, 65(6): 068501.

[9]　Artola L, Gaillardin M, Hubert G, et al. *Modeling single event transients in advanced devices and ICs* [J]. IEEE Trans. Nucl. Sci., 2015, 62(4): 1528-1539.

[10]　Semiconductor Industry Association. *International Technology Roadmap for Semiconductors (ITRS) 2015 edition.*

[11]　蒲绍宁. 碳纳米管互连串扰特性研究[D]. 上海：上海交通大学，2009.

[12] 孙修晨. 基于32nm CMOS工艺的互连线串扰及延时的分析与优化[D]. 天津：天津大学，2013.

[13] 李亚强，马晓川，张锦秋，等. 芯片制程中金属互连工艺及其相关理论研究进展[J]. 表面技术，2021, 50(7): 24-43.

[14] 姜国华，王楠，赵波. 集成电路互连引线的研究进展[J]. 微纳电子技术，2015, 52(8): 477-484.

[15] 周峻晨. 基于40nm技术大马士革铜电镀工艺通孔空洞缺陷的改善[D]. 上海：上海交通大学，2019.

[16] Srivastava N, Li H, Kreupl F, et al. *On the applicability of single-walled carbon nanotubes as VLSI interconnects* [J]. IEEE Trans. Nanotechnol., 2009, 8(4): 542-559.

[17] Velazco R, Ecoffet R, Faure F. *How to characterize the problem of SEU in processors & representative errors observed on flight* [C]. 11th IEEE International On-Line Testing Symposium, 2005: 303-308.

[18] 周荔丹，闫朝鑫，姚钢，等. 空间辐射环境对航天器分布式电力系统关键部件的影响及应对策略[J]. 电工技术学报，2022, 37(6): 13365-1380.

[19] 陈盘训. 半导体器件和集成电路的辐射效应[M]. 北京：国防工艺出版社，2005.

[20] Bazilevskava G A. *Solar cosmic rays in the near earth space and the atmosphere* [J]. Adv. Space Res., 2005, 35: 458-464.

[21] 蔡明辉，韩建伟，李小银，等. 邻近空间大气中子环境的仿真研究[J]. 物理学报，2009, 58(9): 6659-6664.

[22] 徐富兵. 基于FinFET SRAM单粒子效应仿真研究[M]. 西安：西安电子科技大学，2015.

[23] 高武. 抗辐射集成电路设计理论与方法[M]. 北京：清华大学出版社，2018.

[24] Petersen E. 空间单粒子效应：影响航天电子系统的危险因素[M]. 韩郑生，沈自才，丁义刚，等译. 北京：电子工业出版社，2016.

[25] Ibe E H. 现代集成电路和电子系统的地球环境辐射效应[M]. 毕津顺，马瑶，王天琦，译. 北京：电子工业出版社，2019.

[26] Claeys C, Simoen E. 先进半导体材料及器件的辐射效应[M]. 刘忠立，译. 北京: 国防工业出版社，2008.

[27] El-Mamouni F, Zhang E X, Ball D R, et al. *Heavy ion induced current transients in bulk and SOI FinFETs* [J]. IEEE Trans. Nucl. Sci., 2012, 59(6): 2674-2681.

[28] Sayil S, Akkur A, GaspardIII N. *Single event crosstalk shielding for CMOS logic* [J]. Microelectr. J., 2009, 40: 1000-1006.

[29] Melean F B, Oldham T R. *Charge funneling in n- and p- type Si substrates* [J]. IEEE Trans. Nucl. Sci., 1982, 29(6): 2015-2023.

[30] Synopsys Sentaurus TCAD Tools.

[31] Silvaco TCAD.

[32] 郭红霞. 集成电路电离辐射效应数值模拟及X射线剂量增强效应研究[D]. 西安：西安电子科技大学，2002.

[33] Dodd P E, Massengill L W. *Basic mechanisms and modeling of single-event upset in digital microelectronics* [J]. IEEE Trans. Nuc. Sci., 2003, 50(3): 583-602.

[34] 张晋新, 郭红霞, 郭旗, 等. 重离子导致的锗硅异质结双极晶体管单粒子效应电荷收集三维数值模拟[J]. 物理学报, 2013, 62(4): 048501.

[35] 刘必慰. 集成电路单粒子效应建模与加固方法研究[D]. 长沙：国防科技大学, 2009.

[36] Alvarado J, Boufouss E, Kilchytska V, et al. *Compact model for single event transients and total dose effects at high temperatures for partially depleted SOI MOSFETs* [J]. Microelectr. Reliab., 2010, 50: 1852-1856.

[37] Liu B J, Cai L, Dong Z G. *Single event effect in nano FinFET* [J]. 原子核物理评论, 2014, 31(4): 516-521.

[38] Qin J R, Chen S M, Chen J J. *3-D TCAD simulation study of the single event effect on 25 nm raised source-drain FinFET* [J]. Sci. China Tech. Sci., 2012, 55(6): 1576-1580.

[39] Villacorta H, Segura J, Champac V. *Impact of Fin-height on SRAM soft error sensitivity and cell stability* [J]. J Electron Test, 2016, 32: 307-314.

[40] 李达维, 秦军瑞, 陈书明. 25nm鱼鳍型场效应晶体管中单粒子瞬态的工艺参数相关性[J]. 国防科技大学学报, 2012, 34(5): 127-131.

[41] Petersen E L, Shapiro P, Adams J H, et al. *Calculation of cosmic-ray induced soft upsets and scaling in VLSI devices* [J]. IEEE Trans. Nuc. Sci., 1982, NS-29(6): 2055-2063.

[42] Adams J H, Silberberg J B, Tsao C H. *Cosmic ray effects on microelectronics*[J]. IEEE Trans. Nuc. Sci., 1982, NS-29(1): 169-172.

[43] Firouzi F, Salehi M E, Wang F, et al. *An accurate model for soft error rate estimation considering dynamic voltage and frequency scaling effects* [J]. Microelectr. Reliab., 2011, 51: 460-467.

[44] 闫爱斌, 梁华国, 许晓琳, 等. 考虑扇出重汇聚效应的组合电路软错误率评估[J]. 合肥工业大学学报（自然科学版）, 2016, 39(10): 1341-1346.

[45] Chen J J, Chen S M, Liang B, et al. *Single event transient pulse attenuation effect in three-transistor inverter chain* [J]. Sci. China Tech. Sci., 2012, 55(4): 867-871.

[46] Hamad G B, Hasan S R, Mohamed O A, et al. *New Insights into the single event transient propagation through static and TSPC logic* [J]. IEEE Trans. Nucl. Sci., 2014, 61(4): 1618-1627.

[47] Qin J R, Chen S M, Liang B, et al. *Voltage dependency of propagating single-event transient pulse widths in 90-nm CMOS technology* [J]. IEEE Trans. Device Mater. Rel., 2014, 14(1): 139-145.

[48] 吴驰, 毕津顺, 滕瑞, 等. 复杂数字电路中的单粒子效应建模综述[J]. 微电子学, 2016, 46(1): 117-123.

[49] 张正选, 邹世昌. SOI材料和器件抗辐射加固技术[J]. 科学通报, 2017, 62(10): 1004-1017.

[50] Jiang H, Zhang H, Assis T R, et al. *Single-event performance of sense-amplifier based flip-flop design in a 16-nm bulk FinFET CMOS process* [J]. IEEE Trans. Nucl. Sci., 2017, 64(1): 477-482.

[51] Wu W K, An X, Jiang X B, et al. *Line-edge roughness induced single event transient variation in*

SOI FinFETs [J]. Semiconduct., 2015, 36(11): 114001.

[52] Yu J T, Chen S M, Chen J J, et al. *Effect of supply voltage and body-biasing on single-event transient pulse quenching in bulk fin field-effect-transistor process* [J]. Chin. Phys. B, 2016, 25(4): 049401.

[53] 罗尹虹, 张凤祁, 郭红霞, 等. 纳米静态随机存储器质子单粒子多位翻转角度相关性研究 [J]. 物理学报, 2015, 64(21): 216103.

[54] Kerns S E, Shafer B D. *The design of radiation-hardened ICs for space: a compendium of approaches* [J]. Proc. IEEE, 1988, 76(11): 1470-1509.

[55] 韩郑生. 抗辐射集成电路概论[M]. 北京: 清华大学出版社, 2011.

[56] Gabrielli A, Loddo F, Ranieri A, et al. *Design and submission of rad-tolerant circuits for future front-end electronics at S-LHC* [J]. Nucl. Instrum. Methods Phys. Res. A, 2010, 612: 455-459.

[57] Almukhaizim S, Makris Y. *Soft error mitigation through selective addition of functionally redundant wires* [J]. IEEE Trans. Reliab., 2008, 57(1): 23-31.

[58] Smith F. *Single event upset mitigation by means of a sequential circuit state freeze* [J]. Microelectron. Rel., 2012, 52: 1233-1240.

[59] Samudrala P K, Ramos J, Katkoori S. *Selevtive triple modular redundancy (STMR) based single-event upset tolerant synthesis for FPGAs* [J]. IEEE Trans. Nucl. Sci., 2004, 51(5): 2957- 2969.

[60] Choudhury M R, Zhou Q, Mohanram K. *Design optimization for single event upset robustness using simultaneous dual-VDD and sizing techniques* [J]. ICCAD. San Jose, California, USA, 2006: 204-209.

[61] Zhou Q, Mohanram K. *Gate sizing to radiation harden combinational logic* [J]. IEEE Trans. Comput.-Aided Des. Integ. Circ. Syst., 2006, 25(1): 155-166.

[62] Chen J, Chen S, Liang B, et al. *Radiation hardened by design techniques to reduce single event transient pulse width based on the physical mechanism* [J]. Microelectr. Reliab., 2012, 52: 1227-1232.

[63] Wong S C, Lee G Y, Ma D J. *Modeling of interconnect capacitance, delay and crosstalk in VLSI* [J]. IEEE Trans. Semiconductor Manufacturing, 2000, 13(1): 108-111.

[64] 李长辉, 毛军发, 李晓春. 高速电路平行互连线时延估算与数值分析[J]. 微电子学, 2004, 34(6): 648-651.

[65] Cho K. *Delay calculation capturing crosstalk effects due to coupling capacitors* [J]. Electronics Lett., 2005, 41(8): 20050127.

[66] Maffezzoni P, Brambilla A. *Modelling delay and crosstalk in VLSI interconnect for electrical simulation* [J]. Electronics Lett., 2000, 36(10): 862-864.

[67] Chen L H, Marek-Sadowska M. *Closed-form crosstalk noise delay metrics* [J]. Anal. Integ. Circ. Signal Proc., 2003, 35: 143-156.

[68] 杨银堂, 冷鹏, 董刚, 等. 考虑温度分布效应的RLC互连延时分析[J]. 半导体学报, 2008, 29(9): 1843-1846.

[69] 刘锋，毛军发. 分布RLC树形互连线的时延估算稳定模型[J]. 电路与系统学报，2008, 13(5): 18-21.

[70] 李鑫，Wang J M，唐卫清，等. 斜阶跃信号激励下耦合RLC互连线延时估计[J]. 中国工程科学，2008, 10(11): 59-64.

[71] 周郭飞，金德鹏，曾烈光. 改进的RLC互连线延时估算方法[J]. 清华大学学报（自然科学版），2008, 48(1): 46-50.

[72] 朱樟明，钟波，郝报田，等. 一种考虑温度的分布式互连线功耗模型[J]. 物理学报，2009, 58(10): 7124-7129.

[73] 王子二. 互连线和CMOS模型对性能影响的分析[J]. 信息技术，2009, 7: 50-52.

[74] 田伟，曹新亮. 高频互连线的分布参数特征分析及建模[J]. 延安大学学报（自然科学版），2016, 35(3): 46-49.

[75] 朱樟明，钟波，杨银堂. 基于RLC π形等效模型的互连网络精确焦耳热功耗计算[J]. 物理学报，2010, 59(7): 4895-4900.

[76] 胡志华，徐洁. 超高阶的RLGC互连线时域状态空间模型及其研究[J]. 电子与信息学报，2009, 31(8): 1980-1984.

[77] 侯丽敏，杨帆，曾璇. 互连线高效时域梯形差分模型降阶算法[J]. 计算机辅助设计与图形学学报，2012, 24(5): 683-689.

[78] 郭傲，杨帆，曾璇. 互连线高效时域多步积分模型降阶算法[J]. 复旦学报（自然科学版），2013, 52(3): 339-346.

[79] 李建伟. 考虑工艺波动的互连线模型研究[D]. 西安：西安电子科技大学，2010.

[80] Liu Y, Pileggi L T, Strojwas A J. *Model order-reduction of RC(L) interconnect including variational analysis* [C]. Design Automation Conf. New Orleans. LA. 1999-06. 201-206.

[81] Wang J M, Ghanta P, Vrudhula S. *Stochastic analysis of interconnect performance in the presence of process variations* [C]. IEEE/ACM International Conference on Computer Aided Design 2004. San Jose, CA USA. 2004. 880-886.

[82] 张瑛，王志功，Wang J M. VLSI随机工艺变化下互连线建模与延迟分析[J]. 电路与系统学报，2009, 14(5): 70-75.

[83] 张瑛，Wang J M. 工艺变化下互连线分布参数随机建模与延迟分析[J]. 电路与系统学报，2009, 14(5): 79-86.

[84] 郝志刚. 工艺参数变化情况下纳米尺寸混合信号集成电路性能分析设计自动化方法研究[D]. 上海：上海交通大学，2012.

[85] 李鑫，Wang J M，唐卫清，等. 基于工艺随机扰动的非均匀RLC互连线串扰分析[J]. 系统仿真学报，2008, 20(7): 1876-1879.

[86] 李志远，曹贝，卜丹，等. 互连线对CMOS电路性能的仿真分析[J]. 黑龙江大学自然科学学报，2014, 31(5): 697-700.

[87] 朱樟明，钱利波，杨银堂. 一种基于纳米级CMOS工艺的互连线串扰RLC解析模型[J]. 物理

学报，2009, 58(4): 2631-2636.

[88] Kuhlmann M, Sapatnekar S S. *Exact and Efficient Crosstalk Estimation* [J]. IEEE Trans. CAD, 2001, 20(7): 858-866.

[89] Devgan A. *Efficient Coupled Noise Estimation for On-Chip Interconnects* [C]. Proceeding of the IEEE/ACM International Conference on Computer Aided Design, California, United States, Nov. 9-13, 1997, 147-151.

[90] 李鑫，Wang J M，唐卫清，等. 一种基于RLC互连线系统的串扰仿真方法研究[J]. 系统仿真学报，2008, 20(15): 4202-4206.

[91] Kumar V R, Kaushik B K, Patnaik A. *An accurate model for dynamic crosstalk analysis of CMOS gate driven on-chip interconnects using FDTD method* [J]. Microelec. J., 2014, 45: 441-448.

[92] Kumar V R, Alam A, Kaushik B K, et al. *An unconditionally stable FDTD model for crosstalk analysis of VLSI interconnects* [J]. IEEE Trans. Components, Packaging Manufacturing Technology, 2015, 5(12): 1810-1817.

[93] Xu P, Pan Z L. *The analytical model for crosstalk noise of current-mode signaling in coupled RLC interconnects of VLSI circuits* [J]. Semiconductors, 2017, 38(9): 095003.

[94] Kim T, Eo Y. *Analytical CAD models for the signal transients and crosstalk noise of inductance-effect-prominent multicoupled RLC interconnect lines* [J]. IEEE Trans. Computer-Aided Des. Integ. Circ. Sys., 2008, 27(7): 1214-1227.

[95] Vishnyakov V, Friedman E G, Kolodny A. *Multi-aggressor capacitive and inductive coupling noise modeling and mitigation* [J]. Microelectr. J., 2012, 43: 235-243.

[96] Kumar M G, Chandel R, Agrawal Y. *An efficient crosstalk model for coupled multiwalled carbon nanotube interconnects* [J]. IEEE Trans. Electromag. Compat., 2018, 60(2): 487-496.

[97] 魏建军，王振源，陈付龙，等. 温度和频率对互连线信号完整性的影响[J]. 哈尔滨工程大学学报，2019, 40(4): 834-838.

[98] Liu B J, Li C, Li C, et al. *Effect of temperature and single event transient on crosstalk in coupled single-walled carbon nanotube (SWCNT) bundle interconnects* [J]. Int. J. Circ. Theory Appl., 2021, 49(10): 3408-3420.

[99] Balasubramanian A, Amusan O A, Bhuva B L, et al. *Measurement and analysis of interconnect crosstalk due to single events in a 90 nm CMOS technology* [J]. IEEE Trans. Nucl. Sci., 2008, 55(4): 2079-2084.

[100] Sayil S, Boorla V K, Yeddula S R. *Modeling single event crosstalk in nanometer technologies* [J]. IEEE Trans. Nucl. Sci., 2011, 58(5): 2493-2502.

[101] Sayil S, Bhowmik P. *Mitigating the thermally induced single event crosstalk* [J]. Anal. Integ. Circ. Signal Proc., 2017, 92: 247-253.

[102] Liu B J, Cai L, Zhu J. *Accurate analytical model for single event (SE) crosstalk* [J]. IEEE Trans. Nucl. Sci., 2012, 59(4): 1621-1627.

[103] Liu B J, Wei B, Zhang S, et al. *Modeling and analysis single event crosstalk modeling in multi-lines system* [C]. IEEE 4th Advanced Information Technology, Electronic and Automation Control Conference. Chengdu, China, 2019: 1928-1932.

[104] Liu B J, Cai L, Liu X Q. *An analytic model for predicting single event (SE) crosstalk of nanometer CMOS circuits* [J]. J Electronic Testing: Theory Appl., 2020, 36(8): 461-467.

第2章　互连线串扰的基本理论及模型

随着器件特征尺寸的不断缩小，互连线的串扰效应变得十分显著，已成为集成电路性能退化的一个重要因素。对于超深亚微米级工艺的互连线系统，寄生容性和感性效应日益突出，互连线间的串扰效应也越发突显，对集成电路的设计及应用的影响不可忽视，且互连线的工艺参数变化对传输信号完整性的影响也越来越大。

2.1　互连线的基本理论

互连线是指在微波或射频波段由两个或两个以上的一定长度的导体构成的，将信号以电磁波的形式从一端传递到另一端的导线，即传输线[1-2]。互连线是电路性能和可靠性的决定性因素。在低速电路中，互连线可视为理想导线，信号传输无失真、无衰减，只需考虑电气连接即可；但是，实际的互连线是非理想的，特别是在高速电路中，互连线会出现时延、功耗和串扰等问题。因此，在高速电路设计和分析中，必须结合互连线的寄生电容、电感分布情况来综合分析信号在互连线上传输的瞬态情况。随着工艺技术的不断发展，互连线中的串扰噪声、电源的网络电压降以及电磁耦合导致的时延偏差等问题变得越来越严重，其原因很大程度上是集成电路互连线结构十分复杂、集成度增大，导致互连线的寄生效应变得越来越严重[3]。

2.1.1　互连线的电场和磁场

根据电磁场理论，对于电荷均匀分布的无限长细直导线，若电荷线密度为λ（单位为C/m），则其周围的电场强度为[2]

$$E = \frac{\lambda}{2\pi r \varepsilon_0} \tag{2.1}$$

式中，E是电场强度（V/m），r是导线周围空间到导线中心的距离（m），ε_0是介电常数（F/m）。

根据毕奥-萨伐尔定律，对于一条有限长直导线，若电流为i（单位为A），则

其周围的磁感应强度为

$$B = \frac{\mu_0 i}{2\pi r} \qquad\qquad (2.2)$$

式中，B是磁感应强度（T），μ_0是真空磁导率（H/m）。

2.1.2　互连线的分类

从线长和功能方面可将集成电路中的互连线大致分为三类[4]。一是局部型，主要用于芯片中硅片底层晶体管的源漏极互连，适用于晶体管与晶体管之间的连接或低速器件的连接，通常采用较薄和较低介电常数的绝缘材料，互连线所用介电材料的发展趋势如图2.1所示[5]；二是中等型，主要用在局部互连线上，一般为模块内的时钟和逻辑信号提供距离较长的信号传输通道；三是全局型，主要位于芯片的上面两层，一般为模块之间的时钟和逻辑信号提供传输通道，通常作为电源线、数据总线、时钟线和控制总线，对电路的性能至关重要。因此，在进行全局互连线的设计时，为了减小时延，一般使用较厚的介质材料；为了减少串扰，一般采用较宽的互连线间距；为了减少电源线和信号线的电阻损耗，一般使用低电阻率的金属。

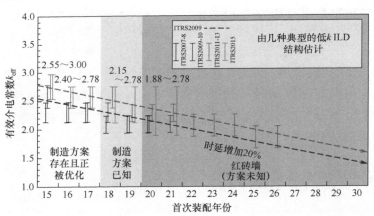

图2.1　互连线所用介电材料的发展趋势[5]

当信号在互连线中传输时，电势差会产生电场，而互连线流过的电流会感应磁场。当信号输入互连线时，变化的电压产生变化的电场和磁场。理想互连线的分析就是在一定的边界条件下，求解横向电磁场（Transverse Electric and Magnetic field，TEM）并分析其传输特性的过程[1]。对于电阻为零的理想导体，当四周介质为真空时，信号传输速度等于真空中的光速c。当互连线输入信号

时，突然变化的电压产生变化的电场和磁场。这种电磁波在互连线周围的介质中以变化的电磁场速度传播，传输速率为

$$v = \frac{c}{\sqrt{\varepsilon_r \mu_r}} \, \text{m/s} \tag{2.3}$$

式中，ε_r 和 μ_r 分别是介质的相对介电常数和磁导率。若介质材料不是铁磁材料，则其相对磁导率为1。

在电路板设计中，互连线负责在印制电路板上将各种芯片连接到一起，以实现芯片之间的快速通信和数据交换。在塑封好的芯片内部，裸片和封装之间也是通过互连线和焊点进行连接的[1]。根据电路板的叠层结构以及互连线所处的位置，互连线可分为带状线、线带状线、嵌入式微带线、表面微带线、双微带线等[2]。因为导线任意处的横截面积都相同，所以微带线和带状线常被称为均匀互连线，常于高速电路设计。互连线分类结构示意图如图2.2所示。

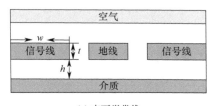
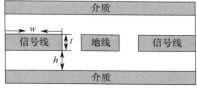

(a) 表面微带线　　　　　　　　　　　　　　　(b) 带状线

图2.2　互连线分类结构示意图

2.1.3　互连线的特性阻抗

分析互连线问题的严格方法是运用"场"的方式，将麦克斯韦方程组和边界条件结合起来，进行电磁场方程的求解。简化的方法是运用"路"的方式，将空间变量和时间变量进行结合[1]。通常使用互连线的分布模型进行表达，因为这种方式结合了"场"和"路"的方式。

按照微波等效电路理论中的长线理论，对于传输TEM波的均匀互连线，可用一个RLCG分布式电路模型（见图2.3）来表示一个长度为 Δz 的互连线微元。

根据基尔霍夫电压和电流理论，有

$$v(z + \Delta z, t) = v(z, t) - L\Delta z \frac{\partial i(z, t)}{\partial t} - R\Delta z i(z, t) \tag{2.4a}$$

$$i(z + \Delta z, t) = i(z, t) - C\Delta z \frac{\partial v(z + \Delta z, t)}{\partial t} - G\Delta z v(z + \Delta z, t) \tag{2.4b}$$

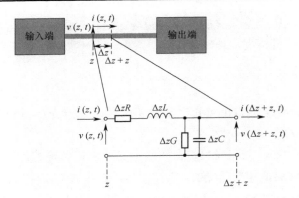

图2.3　RLCG分布式电路模型

以上两式同时除以Δz，并取Δz趋于0时的极限，得到互连线方程的时域形式：

$$\frac{\partial v(z,t)}{\partial t} = -Ri(z,t) - L\frac{\partial i(z,t)}{\partial t} \tag{2.5a}$$

$$\frac{\partial i(z,t)}{\partial t} = -Gv(z,t) - C\frac{\partial v(z,t)}{\partial t} \tag{2.5b}$$

利用傅里叶变换将式（2.5）变换到频域中，得到

$$\frac{\mathrm{d}V(z)}{\mathrm{d}z} = -(R + \mathrm{j}\omega L)I(z) \tag{2.6a}$$

$$\frac{\mathrm{d}I(z)}{\mathrm{d}z} = -(G + \mathrm{j}\omega C)V(z) \tag{2.6b}$$

联立上述方程，得到式（2.6）的通解为

$$V(z) = V_0^+ \mathrm{e}^{-\gamma z} + V_0^- \mathrm{e}^{\gamma z} \tag{2.7a}$$

$$I(z) = I_0^+ \mathrm{e}^{-\gamma z} + I_0^- \mathrm{e}^{\gamma z} \tag{2.7b}$$

式中，$\gamma = \alpha + \mathrm{j}\beta = \sqrt{(R + \mathrm{j}\omega L)(G + \mathrm{j}\omega C)}$ 是复传播常数。在互连线中，任意位置的电压和电流都相当于入射和反射波的共同作用。其中，$V_0^+ \mathrm{e}^{-\gamma z}$ 和 $I_0^+ \mathrm{e}^{-\gamma z}$ 表示信号沿与电压参考方向相同的方向传播，$V_0^- \mathrm{e}^{\gamma z}$ 和 $I_0^- \mathrm{e}^{\gamma z}$ 表示信号沿与电压参考方向相反的方向传播。将频域形式的电压方程代入式（2.7b），得到互连线上的电流方程的另一种形式：

$$I(z) = \frac{\gamma}{R + \mathrm{j}\omega L}(V_0^+ \mathrm{e}^{-\gamma z} - V_0^- \mathrm{e}^{\gamma z}) \tag{2.8}$$

将互连线的特性阻抗定义为

$$Z_0 = \frac{R + \mathrm{j}\omega L}{\gamma} = \sqrt{\frac{R + \mathrm{j}\omega L}{G + \mathrm{j}\omega C}} \tag{2.9}$$

式中，$R + j\omega L$ 表示串联阻抗 Z，$G + j\omega C$ 表示并联导纳 Y。信号沿互连线传输，在各处遇到的阻抗近似相同，信号在互连线上的传输近似无损耗，此时 R 和 G 近似为 0。于是，特性阻抗和复传播常数可简化为

$$Z_0 = \sqrt{\frac{L}{C}} \qquad (2.10)$$

$$\gamma = j\omega\sqrt{LC} \qquad (2.11)$$

在工程应用中，经常使用由式（2.10）得到的净实数阻抗来快速估算特性阻抗，进而控制互连线的特性[1-2]。特性阻抗是印制电路板和封装互连线的重要衡量指标，是与频率无关的实数，单位是 Ω。L 和 C 分别表示单位长度的电感和电容，ω 表示工作频率（rad/s）。由式（2.11）可知，在所有频率处，复传播常数 γ 的实部为零，表示无耗。传播常数的虚部为 $\omega\sqrt{LC}$，是简单的线性相移函数。单位长度的时延为 $\sqrt{LC}$，传输速度是时延的倒数，表示为

$$v = \frac{1}{\sqrt{LC}} \qquad (2.12)$$

联立式（2.3）和式（2.12），得

$$\frac{c}{\sqrt{\varepsilon_r \mu_r}} = \frac{1}{\sqrt{LC}} \qquad (2.13)$$

式（2.13）给出了参数 L、C 和绝缘材料性能参数之间的关系，说明电感和电容不能独立存在。例如，在带状线中，增大导体线宽会在增大电容的同时减小电感，但传输速度不变。由于介质分布不均匀，微带线的传输速度会有所不同[1]。

2.1.4　导体损耗和介质损耗

在高速信号中，导体损耗和介质损耗不可忽视。导体损耗是指在整个回流路径上的能量损耗，它本质上是导体上串联电阻的作用。传输直流信号时，导体损耗可用下式来衡量：

$$R = \frac{\rho l}{wt} \qquad (2.14)$$

式中，R 表示导线电阻（Ω），ρ 表示电导率（Ω·m），l 表示导线长度（m），w 表示互连线横截面的宽度（m），t 表示导线横截面的厚度（m），如图 2.2 所示。

在高速信号领域，传输的不是直流信号，而是交流信号。随着频率的升高，导体中电流的分布不再均匀，而仅在导体的表面集中体现。电流流经互连线横截面的厚度约等于趋肤深度，趋肤深度的表达式为

$$\delta = \sqrt{\frac{2\rho}{\omega\mu}} = \sqrt{\frac{\rho}{\pi f \mu}} \qquad (2.15)$$

式中，f 是频率（Hz），ρ 是电导率（Ω·m），μ 是介质的磁导率（H/m）。

　　介质损耗又称介质阻尼的热损耗，它与材料的耗散因子成正比。低频时，大多数介质的电导率是常数。当频率超过转折频率后，介质的电导率随频率的变化持续升高，导致漏电流下降，大量的功率消耗导致介质发热，最终形成损耗。介质损耗的本质是电导的频变性。常将材料的耗散因子表示为损耗角正切 $\tan\delta$，即

$$\varepsilon = \varepsilon' - j\varepsilon'' \Rightarrow \tan\delta = \frac{\varepsilon'}{\varepsilon''} \qquad (2.16)$$

式中，ε 表示介电常数，ε' 代表实部，ε'' 代表虚部，损耗角正切 $\tan\delta$ 可等效地表示为介电常数的虚部和实部的比值。

　　实验已经证明，无论是导体损耗还是介质损耗，其高频分量的损耗都比低频分量的损耗大很多。一般来说，介质损耗的影响要比导体损耗的影响大得多，所以要通过优化材料的选取和设计方法，尽可能地规避由这两种损耗引起的信号完整性问题。

2.1.5　互连线的参数

　　根据IPC-2141规范，对图2.2(a)中的表面微带线，当 $0.1 < w/h < 2.0$ 且 $1 < \varepsilon_r < 15$ 时，各参数的计算公式如下[2]：

特性阻抗
$$Z_0 = \frac{87 \ln\left(\dfrac{5.98h}{0.8w + t}\right)}{\sqrt{\varepsilon_r + 1.41}} \qquad (2.17a)$$

时延
$$T_d \approx 85\sqrt{0.457\varepsilon_r + 0.67} \text{ ps/inch} \qquad (2.17b)$$

等效电容
$$C = 1000\frac{T_d}{Z_0} \text{ pF/inch} \qquad (2.17c)$$

等效电感
$$L = Z_0^2 C \text{ pH/inch} \qquad (2.17d)$$

式中，w 是互连线的宽度（m），t 是互连线的厚度（m），h 是介质厚度（m）。

　　对图2.2(b)中的带状线，当 $w/h < 0.35$ 且 $t/h < 0.25$ 时，各参数的计算公式如下[2]：

特性阻抗
$$Z_0 = \frac{60\ln\left[\dfrac{4h}{0.67\pi(0.8w + t)}\right]}{\sqrt{\varepsilon_r}} \qquad (2.18a)$$

时延 $\qquad T_{\mathrm{d}} \approx 85\sqrt{\varepsilon_{\mathrm{r}}}$ ps/inch $\qquad$ (2.18b)

等效电容 $\qquad C = 1000\dfrac{T_{\mathrm{d}}}{Z_0}$ pF/inch $\qquad$ (2.18c)

等效电感 $\qquad L = Z_0^2 C$ pH/inch $\qquad$ (2.18d)

2.2　互连线电参数提取

随着集成电路的发展，特征尺寸进入超深亚微米级；这时，大尺寸时经常被忽视的寄生效应会变得越来越明显。例如，温度特性、互连线的功耗、时延及串扰在超深亚微米尺度下尤为明显。这些寄生效应主要是由互连金属线的非理想特性导致的。在理想条件下，金属导线的电阻、寄生电容、寄生电感都应为零，但实际互连线的非理想性给信号的传输带来了巨大的挑战，不可避免地产生了寄生电阻、电容和电感。虽然人们一直在减小互连电阻和互连电容方面做出了许多努力，如开发新的互连金属和介质材料，但也无法阻挡因工艺尺寸缩小而导致的严重寄生效应。因此，进行互连线分析和设计时，首要任务是确定一个合理且有效的寄生参数的提取模型[6]。

2.2.1　互连电阻

虽然互连线材料由早期采用的铝材料替换为目前广泛应用的高导电率铜材料后极大地提高了互连线的导电能力，但互连工艺进入超深亚微米级后，持续减小的导线尺寸已使得线电阻增加到不能被忽略的程度，因为其阻值已与上一级驱动晶体管的输出电阻相当。实验数据表明，当信号频率低于10GHz时，趋肤效应不明显，线电阻可近似为直流电阻R_{dc}，如式（2.14）所示。

低频时，互连线的电阻值只与尺寸和电阻率有关；高频时，一些效应就会开始显现其影响，趋肤效应就是其中最主要的效应之一。当高频信号在信号线上传输时，信号电流主要在其表面流动，电流密度与进入导体的深度呈指数关系，即从导线表面开始向下电流逐渐减小，导线内部任意一点的电流密度都仅为表面电流的$1/\delta$（δ是趋肤深度，即导体内部电流密度衰减至表面的$1/e$时，该处到导体表面的距离）。考虑趋肤效应时，交流互连电阻为

$$R_{\mathrm{ac}} = \frac{\rho l}{w\delta} \qquad (2.19)$$

高频时，电流主要集中在导线的底部和四周[4]。可见，导线电阻值并不是与

频率无关的，当传输信号的频率增加时，其交流电阻也会增大。因此，高频时必须考虑交流电阻。互连电阻R由直流电阻R_{dc}和交流电阻R_{ac}两部分组成：

$$R = \sqrt{R_{ac}^2 + R_{dc}^2} \qquad （2.20）$$

2.2.2　互连电容

畸变的时钟脉冲、波形失真、信号滞后和信号时延已对集成电路的性能造成了严重影响，而这些问题又主要由互连线间的耦合电容引起。互连电容是互连线的重要寄生参数之一。多层互连布线，使得寄生电容效应的影响更为显著。互连尺寸不断缩小，使得同一层上相邻两条互连线间的耦合电容值越来越大，且不同层上互连线间产生的耦合电容和寄生电容也对集成电路的信号传输产生不可忽视的影响。

精确的电容模型在线路设计、工艺优化方面有着重要的意义[6-7]。利用Raphael等软件，通过有限元、有限差分法、边界元素法等数值分析方法解泊松方程，可得到任意结构下精确的寄生电容值。但是，这些数值方法常常需要大量的计算资源和时间，因此在进行大规模电路互连结构分析时常显得效率不足。在实际生产中，更实用和更受欢迎的是具有封闭结构解的模型，因为它们更快、更简单，且很容易嵌入设计工具。然而，不存在一种封闭结构模型能够包含所有的互连线结构。工程应用上，往往只需要知道几处关键结构的电容就可指导生产工艺的改进，因此人们对此的研究大多针对几种典型的结构。

不同层上互连线的结构不同，寄生电容也就不同，顶层互连线的寄生电容等效图如图2.4所示。

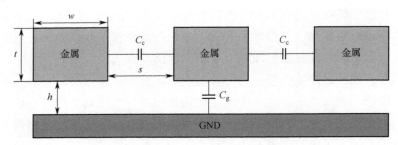

图2.4　顶层互连线的寄生电容等效图

顶层互连线即全局互连线，其上方为绝缘层，一般为芯片的封装层，用来保护芯片，其下方为下一层互连线，所以顶层互连线的单位总电容包括下一层互连线的单位等效平面电容和单位等效边缘电容，以及同层间的耦合电容：

$$C_t = C_g + 2C_c \qquad （2.21）$$

式中，C_g 为与下一层互连线的单位等效平面电容和单位等效边缘电容之和，C_c 为单位耦合电容：

$$C_g = \varepsilon\left[\frac{w}{h} + 2.22\left(\frac{s}{s+0.70h}\right)^{3.19} + 1.17\left(\frac{s}{s+1.51h}\right)^{0.76}\left(\frac{t}{t+4.53h}\right)^{0.12}\right] \quad (2.22a)$$

$$C_c = \varepsilon\left[1.14\frac{t}{s}\left(\frac{h}{h+2.06s}\right)^{0.09} + 0.74\left(\frac{w}{w+1.59s}\right)^{1.14} + \right.$$
$$\left. 1.16\left(\frac{w}{w+1.87s}\right)^{0.16}\left(\frac{h}{h+0.98s}\right)^{1.18}\right] \quad (2.22b)$$

图2.4所示的微带线结构主要适用于不超过两层的互连系统；中间的互连层导线同时具有两种类型的耦合电容，如图2.5所示：一类是与接地衬底之间形成的耦合电容，另一类是与邻近导线之间形成的耦合电容。对距衬底较远的导线来说，后者比前者的作用更明显。

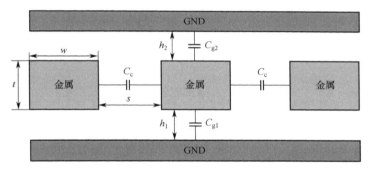

图2.5　多层互连结构的寄生电容等效图

Wong、Bansal等都给出过多层互连结构的电容的简化模型[8-12]，并在适用的尺寸范围内给出了寄生电容的封闭结构解。Wong在Sakurai的基础上，结合运用定性分析和经验公式，给出了精度更高的模型[7]：

$$C_c = \varepsilon\left\{1.4116\frac{t}{s}e^{-\left(\frac{2s}{s+8.014h_1}+\frac{2s}{s+8.014h_2}\right)} + 1.1852\left(\frac{w}{w+0.3078s}\right)^{0.25724}\cdot\right.$$
$$\left.\left[\left(\frac{h_1}{h_1+8.961s}\right)^{0.7571} + \left(\frac{h_2}{h_2+8.961s}\right)^{0.7571}\right]e^{\frac{-2s}{s+3(h_1+h_2)}}\right\} \quad (2.23a)$$

$$C_{g1} = \varepsilon\left[\frac{w}{h_1} + 2.04\left(\frac{t}{t+4.5311h_1}\right)^{0.071}\left(\frac{s}{s+0.5355h_1}\right)^{1.773}\right] \quad (2.23b)$$

$$C_{g2} = \varepsilon \left[\frac{w}{h_2} + 2.04 \left(\frac{t}{t + 4.5311h_2} \right)^{0.071} \left(\frac{s}{s + 0.5355h_2} \right)^{1.773} \right] \quad (2.23c)$$

由D. Sylvester、W. Jiang和K. Keutzer开发的伯克利高级芯片性能计算器所用的电容模型，也是基于两板间的平行线结构开发的，具体模型如下：

$$C_{g1} = \varepsilon \left[\frac{w}{h_1} + 1.086(1 + 0.685 e^{\frac{-t}{1.343s}} - 0.9964 e^{\frac{-s}{1.421h_1}}) \left(\frac{s}{s + 2h_1} \right)^{0.0476} \left(\frac{t}{h_1} \right) \right] \quad (2.24a)$$

$$C_{g2} = \varepsilon \left[\frac{w}{h_2} + 1.086(1 + 0.685 e^{\frac{-t}{1.343s}} - 0.9964 e^{\frac{-s}{1.421h_2}}) \left(\frac{s}{s + 2h_2} \right)^{0.0476} \left(\frac{t}{h_2} \right) \right] \quad (2.24b)$$

$$C_{c} = \varepsilon \left[\frac{t}{s} (1 - 1.897 e^{\frac{-h}{0.31s} + \frac{-t}{2.474s}} + 1.302 e^{\frac{-h}{0.082s}} - 0.1292 e^{\frac{-t}{1.421s}}) + \right.$$
$$\left. 1.722(1 - 0.654 e^{\frac{-w}{0.3477h}}) e^{\frac{-s}{0.651h}} \right] \quad (2.24c)$$

式中，$h = (h_1 + h_2)/2$。

从表示方法到具体公式，两个模型都有不小的差别，但两个模型的基本思路是一致的——都以层间的某根互连线为研究对象，将其整体电容分为两部分：一部分是互连线层内线与线的层内电容，另一部分是互连线层间线与板的层间电容。分别求解这两部分电容后再求和，就可得到互连线的整体电容。由于实际生产工艺中上下层的层间介质厚度往往相同，因此对于之前的模型，通常认为上下层的层间电容是相同的。

这两个模型较前人模型的改进之处在于，它们都考虑了上下层介电质厚度的不同，对上下层的层间电容分开进行了求解。但是，它们对电容的分解比较简单，并未对层内电容及层间电容进行深入的分析和分解；此外，两个模型中的系数是从实际结构中提取的参数是采用最小二乘法拟合得到的，因此需要花费大量的时间，同时也会引入误差。最后，这些模型都是基于定性分析和经验公式建立的，本身的使用范围较小，可扩展性也不好。但是，在较大的技术节点下，由于互连线结构比较简单，线路并不密集，引发的尺寸效应也不明显，因此这些模型仍能为人们提供指导作用。

2.2.3　互连电感

由于互连工艺尺寸较大时，互连电感对电路性能的影响几乎可以忽略不计，因此人们最初设计集成电路时往往不考虑互连电感。但是，随着互连工艺尺寸的不断减小，进入超深亚微米级后，为了减小互连线传输的时延，通常采用较低电阻率的金属材料及宽且厚的金属线，而这些措施都会导致电感效应的增加。与此同时，不断增大的时钟频率和不断减小的信号上升时间都会使得信号的高频分量越来越多，从而导致明显的电感问题，进而影响芯片的性能。其中，典型的影响包括过冲效应、振荡、阻抗失配引起的信号反射、线间电感耦合以及开关噪声等。因此，互连线的电感效应已成为电路设计中至关重要的因素。

由于电磁场的存在，互连线电感分为自感和互感。自感是指互连线自身产生的电感，即传统意义上的线电感，其与导体内部的电流分布有关；互连线通过磁场时，会在其周围干净的互连线上感应出电流，这种通过磁场产生的电路耦合在电路模型中用互感表示，其值随互连线间距的增加而快速减小。在高频高集成的互连电路中，互感已经开始影响到互连线上的信号完整性及芯片的可靠性。

互连电感已成为设计电路时至关重要的因素，对互连电路性能有着重要影响，因此在设计集成电路设计时必须重视电感问题。准确而稳定的RLC时延和串扰估计会耗费大量的计算模拟过程，为了对电路信号的完整性进行有效验证，确定哪些线网需要考虑电感效应就显得非常重要。对那些可以忽略电感效应的互连电路，可以尽量使用已被证明快速且可靠的RC时延和功耗等估算方法。对于均匀的RLC互连线，基于互连线模型，提出了是否考虑电感影响的判断依据：

$$\frac{t_{\mathrm{r}}}{2\sqrt{LC}} < l < \frac{2}{R}\sqrt{\frac{L}{C}} \tag{2.25}$$

式中，l是互连线长度（m），t_{r}是驱动互连线的电路输入端的信号上升时间（s），R，L和C分别是单位长度的电阻、自电感和对地电容。当互连线长度l在式（2.25）给出的范围内时，就需要考虑互连电感的影响。式（2.25）给出了两方面的约束[4]：一是不等式的右边$l < \frac{2}{R}\sqrt{L/C}$，目的是确保互连线的RLC等效电路处于欠阻尼状态；二是不等式左边$l > t_{\mathrm{r}}/(2\sqrt{LC})$，它等效为$t_{\mathrm{r}} < 2l\sqrt{LC}$，其中$2l\sqrt{LC}$是线上"飞行时间"的2倍，即电磁波从互连线的一端到另一端所需时间的2倍，意味着若输入信号的上升时间小于2倍飞行时间，则需要考虑电感效应。

随着特征尺寸减小到0.13μm，互连线的时延模型就需要考虑电感效应，此时传统的RC模型已不能精确地模拟互连线的时域响应，更精确的RLC模型因为更加接近实际情况而被广泛使用。特别地，当特征尺寸减小到45nm后，互连电感效应就会严重影响芯片内部的信号完整性。

提取和计算互连电感时，需要知道电流是通过哪些导线形成回路的。电流不管如何流动，最终都要回到驱动端，但并非所有电流都会流过远端，因此只有部分电流回路成为远端接收的电路阻抗。总之，电感与回路的大小有关。导体区与介质区存在电磁场，因此互连电感是内电感与外电感之和。内电感主要与导体内电流的分布有关；外电感与互连线的几何结构和周围的介质有关，与频率无关，一般可通过静电场分析得出。趋肤效应会使得高频信号在高速数字系统中传输时，电流基本上在导体的表面流动，导致内电感几乎为零。因此，外电感可近似为互连线的总电感。互连线的自电感L和互电感M的计算公式为

$$L = \frac{\mu l}{2\pi}\left[\ln\frac{2l}{w+t} + \frac{1}{2} + \frac{0.22(w+t)}{l}\right] \tag{2.26a}$$

$$M = \frac{\mu l}{2\pi}\left[\ln\frac{2l}{s} - 1 + \frac{s}{l}\right] \tag{2.26b}$$

表2.1至表2.3给出了不同互连线类型的典型特征尺寸。

表2.1　不同技术节点的典型耦合全局型互连线尺寸参数

参数 技术节点	线宽w （nm）	线间距s （nm）	线厚度t （nm）	介质高度h （nm）	相对介电常数ε_r
90nm	500	500	1200	300	2.8
65nm	450	450	1200	200	2.2
45nm	430	430	700	290	2.2
32nm	200	200	200	100	2.77
22nm	29	29	68	44	2.59
21nm	36	36	84.24	54	2.6
14nm	21	21	58.8	52.5	1.75
13.4nm	22.5	22.5	52.65	53.75	2.15
9.5nm	9.5	9.5	20	20	2.05

表2.2　不同技术节点的典型耦合中等型互连线尺寸参数

参数 技术节点	线宽w （nm）	线间距s （nm）	线厚度t （nm）	介质高度h （nm）	相对介电常数ε_r
90nm	200	200	450	300	2.8
65nm	140	140	350	200	2.2
45nm	240	240	550	290	2.2
32nm	100	100	100	100	2.77
22nm	19	19	38	35	3.25
21nm	24	24	45.6	40.8	2.6
14nm	14	14	28	25.2	1.75
13.4nm	15	15	30	27	2.15

表 2.3　不同技术节点的典型耦合局部型互连线尺寸参数

参　数 技术节点	线宽w （nm）	线间距s （nm）	线厚度t （nm）	介质高度h （nm）	相对介电常数ε_r
90nm	150	150	300	300	2.8
65nm	100	100	200	200	2.2
45nm	120	120	260	290	2.2
32nm	50	50	100	100	2.0
22nm	19	19	38	38	4.2
21nm	24	24	45.6	40.8	2.6
14nm	14	14	28	25.2	1.75
13.4nm	15	15	30	27	2.15

2.3　串扰机理

通常认为串扰是一种能量的耦合。互连系统中的串扰主要由不同互连结构之间相互作用的电磁场引起。串扰会严重影响信号完整性，普遍存在于 PCB、芯片封装、芯片、电缆和连接器等电路中。在芯片趋于小型化和快速化的发展过程中，不断增强的串扰效应是阻挡这个过程的重要因素，其影响在数字系统中更为突出。在现代多层互连结构中，其危害一般有以下两个方面：第一，串扰对信号传播速度和导线有效特性阻抗的改变，会严重影响信号完整性和系统时序；第二，串扰会产生相应的串扰噪声，致使互连线的噪声容限减小，进而使得信号更难保持完整性。

当多条互连线相邻时，由于互连线相互之间存在耦合作用，其中一条互连线上电压和电流的变化会使得相邻互连线上电流、电压出现扰动。在互连线系统中，能够影响其他导线的互连线被称为施扰线，受到其他导线影响的互连线被称为受扰线。施扰线和受扰线是两个理解耦合效应的重要概念。施扰线和受扰线相互影响，因此所有导线既是施扰线又是受扰线。

按照耦合的形成原理，互连线的耦合可分为容性耦合和感性耦合。耦合效应会引发串扰噪声。互连线的串扰又分为容性串扰和感性串扰，互连线间电容耦合作用引起的噪声被称为容性串扰，互连线间电感耦合作用引起的噪声被称为感性串扰。

2.3.1　容性串扰

如图2.6所示，根据平板电容的定义，若有两条相邻的互连线，当施扰线的输入发生变化时，容性耦合作用将影响受扰线。假设忽略受扰线对施扰线的影响，两条互连线与接地平面之间存在电容C_g，两条互连线之间存在耦合电容C_c。

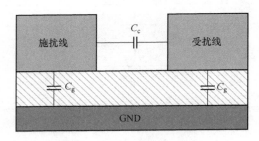

图2.6　互连线串扰电容耦合

当施扰线上有信号传输时，其电压发生变化，导致两线间的电势差发生变化，即电容C_c两端的电压发生变化，在电容中产生电流，表示为

$$i_c = \frac{\mathrm{d}Q}{\mathrm{d}t} = C_c \frac{\mathrm{d}v_{av}}{\mathrm{d}t} \qquad (2.27)$$

式中，Q表示施扰线和受扰线的电荷量（C），v_{av}表示施扰线与受扰线之间的电势差（V），i_c表示电容C_c两端电压变化产生的电流（A）。

当电流i_c经电容C_c流向受扰线时，就产生串扰，该电流也称容性耦合电流。如图2.7所示，容性耦合电流向受扰线的源端（近端）和负载端（远端）传输。

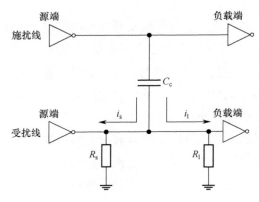

图2.7　互连线的容性耦合电流

假设受扰线源端的阻抗为Z_{sv}，负载端的阻抗为Z_{lv}，则施扰线信号变化，产生的容性耦合电流会在受扰线的源端和负载端形成两个噪声电压，分别是

$$\Delta v_{sv} = i_s Z_{sv} \tag{2.28a}$$

$$\Delta v_{lv} = i_l Z_{lv} \tag{2.28b}$$

式中，$i_s + i_l = i_c$。由于负载端的电阻一般较大，因此在受扰线的负载端会形成一个比较显著的电压串扰噪声，进而影响其工作状态。

2.3.2　感性串扰

如图2.8所示，由于导线之间通过的电磁场的作用，相邻互连线感应出电流，在导线上产生相应的电压噪声，其大小与施扰线的电流变化率成正比，即

$$v_c = L_c \frac{di_a}{dt} \tag{2.29}$$

式中，L_c是两线之间的互感（H），i_a是施扰线的电流（A）。

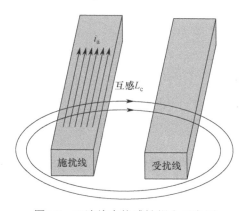

图2.8　互连线串扰感性耦合示意图

由于感性串扰效应，受扰线上存在互感电压，当互感电压足够大时，就会影响受扰线源端和负载端的工作状态。

2.3.3　串扰感应的噪声

串扰是指在相邻的两根互连线之间，由互连电感与互连电容耦合作用产生的噪声。根据信号的传播方向，串扰噪声可分为近端串扰和远端串扰：若串扰噪声和信号的传播方向相同，则称其为远端串扰；若串扰噪声和信号的传播方向相反，则称其为近端串扰。串扰噪声的大小取决于互连电感与互连电容的大小。施

扰线上的信号在传输时，会通过互连电感L_c和互连电容C_c在受扰线上产生相应的感应电流，如图2.9所示。

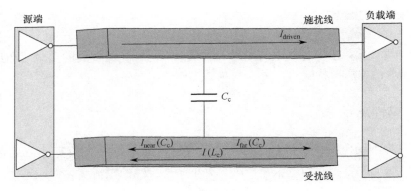

图2.9 串扰感应电流

由互连电容产生的感应电流分别流向受扰线的两端，而由互连电感产生的感应电流则从受扰线的远端流向近端。流向受扰线近端和远端的串扰电流分别表示为

$$I_{near} = I(L_c) + I_{near}(C_c) \tag{2.30a}$$

$$I_{far} = I_{far}(C_c) - I(L_c) \tag{2.30b}$$

式中，$I(L_c)$表示感性感应电流，$I_{far}(C_c)$和$I_{near}(C_c)$表示容性感应电流。电流I_{near}在受扰线接近施扰线驱动端的节点产生近端串扰，电流I_{far}则在受扰线远离驱动端的节点产生远端串扰。

当互连线的信号出现电平转换时，如数字脉冲信号的上升沿和下降沿，耦合效应会对邻近的互连线产生串扰噪声。这些噪声包含远端串扰和近端串扰，其中向近端传播的是近端串扰噪声，向远端传播的是远端串扰噪声。一般来说，互连线自身的时延（T_D）要大于信号的上升时间或下降时间。在图2.10所示的波形中，当一个脉冲信号在一根互连线上传播时，会在另一根导线上引发远端串扰脉冲；与之相对应，近端串扰脉冲也开始在另一根导线上向近端传播，如图2.10(a)所示。由于驱动信号与远端串扰信号同时发生，因此它们同时到达导线的另一端，而近端串扰信号必须先回到驱动端，再向远端传输，所传输的距离是远端串扰的2倍，如图2.10(b)和(c)所示。因此，对两端都接有负载的两条互连线，近端串扰发生在信号刚开始传播的时刻，其持续时间为信号在导线上传输时间的2倍；远端串扰则发生在信号到达导线另一端的时刻，其持续时间约是驱动信号的上升时间或下降时间。

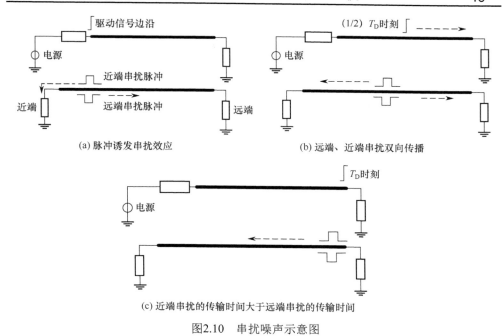

(a) 脉冲诱发串扰效应　　　　　　　(b) 远端、近端串扰双向传播

(c) 近端串扰的传输时间大于远端串扰的传输时间

图2.10　串扰噪声示意图

2.4　互连线串扰的等效模型

在互连电路的研究中，电压激励信号一般都采用斜阶跃信号和指数阶跃信号，它们的表达式分别为

$$V(t) = u(t) + u(T_r - t) = \frac{V_{dd}}{T_r}(t\varepsilon(t) - (t - T_r)\varepsilon(t - T_r)) \tag{2.31a}$$

$$V(t) = V_{dd}(1 - e^{-t/T_r}) \tag{2.31b}$$

式中，$\varepsilon(t)$ 是理想阶跃信号（V），V_{dd} 是电压的最大值，T_r 是信号上升时间（s）。经拉普拉斯变换后，两种信号在 s 域的表达式分别是

$$V(s) = \frac{V_{dd}}{T_r} \cdot \frac{1}{s^2}(1 - e^{-sT_r}) \tag{2.32a}$$

$$V(s) = \frac{V_{dd}}{s(sT_r + 1)} \tag{2.32b}$$

2.4.1　互连线的等效电路

互连线的等效电路对串扰噪声的分析起重要作用。互连线的等效模型也随着工

艺技术的发展而不断改变[13]，因此出现了集总C模型、集总RC模型、分布RC模型和分布RLC模型，如表2.4所示。

表2.4　不同工艺尺寸的互连线模型

尺　　寸	>1μm	1.0～0.5μm	0.5～0.25μm	<0.25μm
电　　阻	忽略	集总参数	分布参数	分布参数
电　　容	平板电容	平板电容，边缘电容	边缘电容，侧面耦合电容	侧面耦合电容
电　　感	忽略	忽略	忽略	分布参数
模　　型	集总C模型	集总RC模型	分布RC模型	分布RLC模型

早期分析较小规模的集成电路时，常将互连线等效成集总RC模型：将导线电阻当成一个电阻，将导线的总电容抽象成一个电容。集总RC等效电路主要有三种[14]：L形电路、π形电路和T形电路，如图2.11所示。π形电路是研究互连线性能时最常用的等效模型。π形RLC等效电路图如图2.12所示，其中R_π，L_π，C_1和C_2分别为π形电路中的等效电阻、电感和电容。

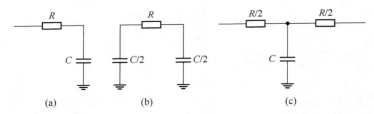

图2.11　互连线的集总RC电路：(a) L形电路；(b) π形电路；(c) T形电路

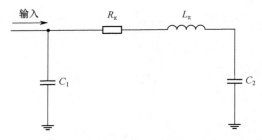

图2.12　π形RLC等效电路图

对于单根互连线，从输入端看过去时，其导纳为

$$Y(s) = \frac{\tanh\theta}{Z_0} \tag{2.33}$$

式中，$\theta = \sqrt{(R_t + sL_t)sC_t}$，$Z_0 = \sqrt{\dfrac{R_t + sL_t}{sC_t}}$，$R_t$，$L_t$，$C_t$分别为单根互连线的总电

阻、总电感和总电容。输入端的导纳展开后，有

$$Y(s) = \frac{\tanh(\sqrt{(R_t + sL_t)sC_t})}{\sqrt{\dfrac{R_t + sL_t}{sC_t}}}$$

$$= \frac{sC_t + \dfrac{s^2 R_t C_t^2}{6} + s^3\left(\dfrac{R_t^2 C_t^3}{120} + \dfrac{L_t C_t^3}{6}\right) + \cdots}{1 + \dfrac{sR_t C_t}{2} + s^2\left(\dfrac{R_t^2}{24} + \dfrac{L_t C_t}{6}\right) + \cdots} \quad (2.34)$$

$$= sC_t - \frac{s^2 R_t C_t^2}{3} + s^3\left(\frac{2R_t^2 C_t^3}{15} - \frac{L_t C_t^2}{3}\right) + \cdots$$

同样，可得图2.12中π形电路的输入导纳为

$$Y(s) = sC_1 + \frac{sC_2}{1 + sC_2(R_\pi + sL_\pi)} \quad (2.35)$$

$$= s(C_1 + C_2) - s^2 R_\pi C_2^2 + s^3(R_\pi^2 C_2^3 - L_\pi C_2^2) + \cdots$$

令式（2.34）和式（2.35）相等，提取关于s多项式的对应系数，建立含有R_π、L_π、C_1和C_2的方程组，求解方程组，就得到用R_t, L_t, C_t表示的R_π, L_π, C_1和C_2的表达式。

同理，互连网络的π形等效电路的电参数也可利用电路的导纳求解。对于带有负载阻抗Y_l的互连线，对应式（2.34）的输入导纳为[15]

$$Y(s) = \frac{Z_c Y_l + \tanh\theta}{Z_c(1 + Z_c Y_l \tanh\theta)} \quad (2.36)$$

式中，$\theta = \sqrt{(R_t + sL_t)sC_t}$，$Z_0 = \sqrt{\dfrac{R_t + sL_t}{sC_t}}$。

2.4.2　串扰的集总参数模型

对于小规模集成电路，一般都选择SPICE软件进行仿真。SPICE软件的效率较低，但精度较高。然而，当用该软件仿真片上系统时，超长的仿真时间会使得该软件失去精度较高的优势。因此，基于互连线的集总等效电路，人们提出了多种精确估计互连线串扰的解析模型，如Devgan模型[16]、Martin模型[17]等。

1. Devgan模型

Devgan模型认为受扰线处于静止状态或保持状态，并且基于互连线RC网络

参数，将互连电路当成线性系统。在图2.13所示的等效电路模型中，由基尔霍夫定律和终值定理得

$$\begin{bmatrix} C_1 & C_c \\ C_c & C_2 \end{bmatrix} \begin{bmatrix} \dot{v}_1 \\ \dot{v}_2 \end{bmatrix} = \begin{bmatrix} A_{11} & 0 \\ 0 & A_{22} \end{bmatrix} \begin{bmatrix} v_1 \\ v_2 \end{bmatrix} + \begin{bmatrix} B_1 \\ 0 \end{bmatrix} v_s \qquad (2.37)$$

式中，$A_{11} = 1/R_{t1}$，$A_{22} = 1/R_{t2}$，$B_1 = -1/R_{t1}$，$C_1 = -(C_{t1} + C_c)$，$C_2 = -(C_{t2} + C_c)$。当互连线2上的状态不变或接地时，互连线1上施加的激励信号源V_s通过串扰电容C_c的作用，在互连线2上产生相应的串扰电压。此时，互连线1被称为施扰线，互连线2被称为受扰线。

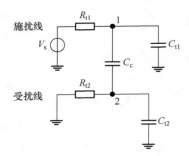

图2.13　互连线串扰的Devgan模型

对式（2.37）做拉普拉斯变换得

$$sC_1V_1 + sC_cV_2 = A_{11}V_1 + B_1V_s \qquad (2.38a)$$

$$sC_cV_1 + sC_2V_2 = A_{22}V_2 \qquad (2.38b)$$

互连串扰的传递函数为

$$H(s) = \frac{V_2(s)}{V_s(s)} = \frac{-sC_c(sC_1 - A_{11})^{-1}B_1}{sC_2 - A_{22} - sC_c(sC_1 - A_{11})^{-1}sC_c} \qquad (2.39)$$

为了得到有效的串扰噪声解，假设施扰线的驱动信号是斜坡信号，其斜率为有限值k。于是，根据终值定理，求得受扰线上的串扰耦合噪声的极值$V_{2,\,max}$为

$$V_{2,\,max} = \lim_{s \to 0} sH(s)V(s) = \lim_{s \to 0} sH(s)\frac{k}{s^2} = -A_{22}^{-1}C_cA_{11}^{-1}B_1k \qquad (2.40)$$

Devgan模型的提出极大地减少了计算量。Devgan模型虽然对输入信号为有限斜率的斜坡信号有着良好的精度，但其前提条件限制了它的使用范围。首先是对输入信号的限制——当输入信号是阶跃信号时，模型结果趋于无穷大，这显然不符合实际情况；其次，在该模型的结果中，接地电容对串扰峰值没有任何影响，这显然是不正确的；最后，该模型中的串扰峰值与施扰线的电阻无关，这也与实际结果不符。

2. Martin模型

为了优化Devgan模型，Kuhlmann等[17]提出了Martin模型，该模型先假设输入信号为指数函数，表示为

$$V_s(t) = V_{dd}(1 - e^{-t/\tau})u(t) \tag{2.41}$$

式中，τ 是输入信号的时间常数，等于驱动阻抗乘以等效线电容。

当输入信号加到施扰线上时，响应 $V_1(s)$ 在时间趋于无穷大时等于电源电压 V_{dd}，由终值定理得

$$V_1(s) = v_{10}s^{-1} + v_{11} + v_{12}s + v_{13}s^2 + \cdots \tag{2.42}$$

同理，受扰线的响应 $V_2(s)$ 在时间趋于无穷大时等于0，$V_2(s)$ 的表达式为

$$V_2(s) = v_{20} + v_{21}s + v_{22}s^2 + \cdots \tag{2.43}$$

将式（2.42）和式（2.43）代入式（2.38），得

$$(sC_1 - A_{11})(v_{10}s^{-1} + v_{11} + v_{12}s + v_{13}s^2 + \cdots) + sC_c(v_{20} + v_{21}s + v_{22}s^2 + \cdots)$$
$$= B_1 V_{dd}\left(\frac{1}{s} - \frac{1}{s+\tau}\right) \tag{2.44a}$$

$$(sC_c - A_{22})(v_{20} + v_{21}s + v_{22}s^2 + \cdots) + sC_2(v_{10}s^{-1} + v_{11} + v_{12}s + v_{13}s^2 + \cdots) = 0 \tag{2.44b}$$

联立以上等式，因为 s^i 左右两边的系数相等，所以构建关于 $V_1(s)$ 和 $V_2(s)$ 的系数的方程组后，可求出它们的系数。

由拉普拉斯初值定理和终值定理，得

$$V_2(s) = \frac{a_0 + a_1 s + \cdots + a_{n-2}s^{n-2}}{1 + b_1 s + b_2 s^2 + \cdots + b_n s^n} \tag{2.45}$$

为提高效率，采用降阶处理，得到其近似解为

$$V_2(s) = \frac{a_0 + a_1 s}{1 + b_1 s + b_2 s^2 + b_3 s^3} \tag{2.46}$$

做拉普拉斯逆变换，可得到其在时域中的表达式。

相对于Devgan模型，Martin模型在不降低计算精度的前提下，计算效率得到了极大的提高。计算含有500万逻辑门的电路时，使用Devgan模型计算串扰噪声仅需花0.5s，而使用Martin模型则需花2s，仿真所需的计算量是Devgan模型的4倍。虽然Martin模型比Devgan模型先进，但是随着导线的变长，仿真结果离实际情况的偏差越来越大，这是因为在Martin模型的计算中降阶处理不当造成的。此外，当制造工艺达到超深亚微米级时，互连线之间的感性耦合不断增强，若忽略互连电感的影响，则与实际情况不符，尤其是对较长的全局互连线，再使用原来的RC互连模型将带来较大的误差。

2.4.3　串扰的分布参数模型

互连线的电学参数在空间上是连续的，不同位置的电压或电流的幅值和相位是不同的。因此，互连线的等效电路模型应采用分布参数模型。实际分析电路时，若逻辑门时延与互连线上信号的传播时延差不多，即信号的上升/下降时间大于信号的传输时延，则互连线模型可用集总模型来近似；反之，若互连时延超过门时延，则要采用分布式互连模型。在超深亚微米级CMOS工艺下，一种较好的分布式RLC串扰模型被提出，如图2.14所示。

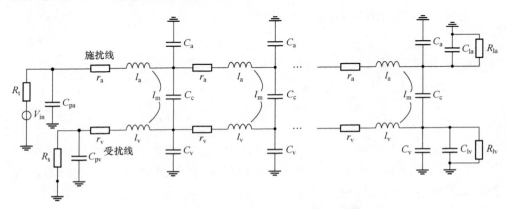

图2.14　互连线串扰的RLC分布等效电路

虽然该模型考虑了电感耦合效应，但一般只适用仿真弱耦合，即模型只考虑了单方向的噪声耦合而忽略反向作用。假设将互连线分成n段，每段都是一个RLC电路。显然，分成的段数越多，使用该模型分析互连线的性能就越准确，当段数趋于无穷多时，即每段的长度趋于零时，分布模型对互连线的传输特性描述最准确。通常，n取决于输入信号的最快边沿变化速率，且要求每段导线的最短时延小于系统的最小上升/下降时间的1/10，即

$$n \geqslant 10\left(\frac{l}{T_r v}\right) \tag{2.47}$$

式中，l是互连线的长度（m），v是电磁波在介质中的传播速度（m/s），T_r是信号的上升/下降时间（s）。

1．ABCD模型

串扰主要由耦合的电容C_c和电感l_m造成。耦合的电容和电感会影响整个电路的性能。定义一个转换因子$\delta^{[12]}$，当$\delta = 1$时，表示同向串扰，此时受扰线的

耦合电容和互感分别为0 和l_m；当$\delta = -1$时，表示反向串扰，此时受扰线的耦合电容和互感分别为$2C_c$和$-l_m$。因此，受扰线的等效耦合电容和互感可分别表示为$(1-\delta)C_c$和δl_m。图2.13所示互连线串扰解耦后的受扰线等效电路如图2.15所示[12]。

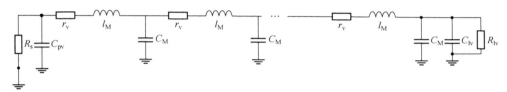

图2.15　互连线串扰解耦后的受扰线等效电路

在图2.15中，$l_M = l_v + \delta l_m$，$C_M = C_v + (1-\delta)C_c$。因此，根据传输线理论和电路的ABCD矩阵，可得到图2.15的ABCD矩阵[12]：

$$\boldsymbol{P}_{\text{total}} = \begin{bmatrix} A & B \\ C & D \end{bmatrix}$$

$$= \begin{bmatrix} 1 & R_s \\ 0 & 1 \end{bmatrix} \begin{bmatrix} 1 & 0 \\ sC_{pv} & 1 \end{bmatrix} \begin{bmatrix} \cosh(\theta l) & Z_0 \sinh(\theta l) \\ \dfrac{1}{Z_0} \sinh(\theta l) & \cosh(\theta l) \end{bmatrix} \qquad (2.48)$$

式中，l是互连线的长度（m），$Z_0 = \sqrt{\dfrac{r_v + sl_M}{sC_M}}$，$\theta = \sqrt{(r_v + sl_M)sC_M}$。$\boldsymbol{P}_{\text{total}}$矩阵中的各个元素如下：

$$A = (1 + sR_sC_{pv})\cosh(\theta l) + \frac{R_s}{Z_0}\sinh(\theta l) \qquad (2.49\text{a})$$

$$B = (1 + sR_sC_{pv})Z_0 \sinh(\theta l) + R_s \cosh(\theta l) \qquad (2.49\text{b})$$

$$C = sC_{pv}\cosh(\theta l) + \frac{1}{Z_0}\sinh(\theta l) \qquad (2.49\text{c})$$

$$D = sC_{pv}Z_0 \sinh(\theta l) + \cosh(\theta l) \qquad (2.49\text{d})$$

于是，输入与输出的关系为

$$\begin{bmatrix} V_{\text{in}} \\ I_{\text{in}} \end{bmatrix} = \boldsymbol{P}_{\text{total}} \begin{bmatrix} V_{\text{out}} \\ I_{\text{out}} \end{bmatrix} = \begin{bmatrix} A & B \\ C & D \end{bmatrix} \begin{bmatrix} V_{\text{out}} \\ I_{\text{out}} \end{bmatrix} \qquad (2.50)$$

式中，V_{in}，I_{in}，V_{out}，I_{out}分别是输入端的电压、电流及输出端的电压、电流。输出端的电流和电压存在如下关系：

$$I_{\text{out}}(s) = (sC_{\text{lv}} + \frac{1}{R_{\text{lv}}})V_{\text{out}}(s) \tag{2.51}$$

联立式（2.50）和式（2.51），可得受扰线的传递函数为

$$H(s) = \frac{V_{\text{out}}(s)}{V_{\text{in}}(s)} = \frac{1}{A + B\left(sC_{\text{lv}} + \dfrac{1}{R_{\text{lv}}}\right)} \tag{2.52}$$

受扰线的串扰电压可由同相串扰和反相串扰共同确定，其表达式为

$$V_{\text{crosstalk}}(s) = 0.5V_{\text{in}}(s)[H_{\text{in}}(s) - H_{\text{out}}(s)] \tag{2.53}$$

式中，$V_{\text{crosstalk}}(s)$是受扰线的串扰电压，$H_{\text{in}}(s)$和$H_{\text{out}}(s)$分别是同向和反向时的传递函数。取式（2.53）的拉普拉斯逆变换，可得到串扰的时域表达式。

2．矩阵函数逼近模型

对图2.14中的等效电路，首先应用基尔霍夫定律对每段RLC进行电学分析，然后将各段的参数综合成矩阵形式，得到[18]

$$\begin{bmatrix} C_1 & -C_c & 0 & 0 \\ -C_c & C_2 & 0 & 0 \\ 0 & 0 & L_a & M \\ 0 & 0 & M & L_v \end{bmatrix} \begin{bmatrix} \dfrac{\mathrm{d}\boldsymbol{v}_1}{\mathrm{d}t} \\ \dfrac{\mathrm{d}\boldsymbol{v}_2}{\mathrm{d}t} \\ \dfrac{\mathrm{d}\boldsymbol{i}_1}{\mathrm{d}t} \\ \dfrac{\mathrm{d}\boldsymbol{i}_2}{\mathrm{d}t} \end{bmatrix} = \begin{bmatrix} \boldsymbol{\alpha} & 0 & 0 & 0 \\ 0 & \boldsymbol{\alpha} & 0 & 0 \\ -R_a & 0 & \boldsymbol{\beta} & 0 \\ 0 & -R_v & 0 & \boldsymbol{\beta} \end{bmatrix} \begin{bmatrix} \boldsymbol{i}_1 \\ \boldsymbol{i}_2 \\ \boldsymbol{i}_1 \\ \boldsymbol{i}_2 \end{bmatrix} + \begin{bmatrix} 0 \\ 0 \\ \boldsymbol{b} \\ 0 \end{bmatrix} V_{\text{in}} \tag{2.54}$$

式中，$C_1 = C_{\text{ga}} + C_{\text{tc}}$，$C_2 = C_{\text{gv}} + C_{\text{tc}}$，$\boldsymbol{v}_1, \boldsymbol{i}_1, \boldsymbol{v}_2, \boldsymbol{i}_2$分别是施扰线和受扰线的节点电压矩阵和节点电流矩阵，V_{in}是施扰线的激励源，$R_a, R_v, L_a, L_v, C_{\text{ga}}, C_{\text{gv}}$分别是施扰线和受扰线的电阻矩阵、自感矩阵和电容矩阵，M和C_{tc}分别是互连线的互感矩阵与耦合电容矩阵。$C_1, C_2, R_a, R_v, L_a, L_v, C_{\text{ga}}, C_{\text{gv}}, M, C_{\text{tc}}$均是$n \times n$矩阵；$\boldsymbol{v}_1, \boldsymbol{i}_1, \boldsymbol{v}_2, \boldsymbol{i}_2$均是$n \times 1$矩阵；$\boldsymbol{\alpha}, \boldsymbol{\beta}$和$\boldsymbol{b}$均是$n \times 1$常数矩阵：

$$\boldsymbol{\alpha} = \begin{bmatrix} 1 & -1 & 0 & 0 & \cdots & 0 \\ 0 & 1 & -1 & 0 & \cdots & 0 \\ 0 & 0 & 1 & -1 & \cdots & 0 \\ \vdots & \vdots & \vdots & \vdots & \ddots & \vdots \\ 0 & 0 & 0 & 0 & \cdots & 1 \end{bmatrix}, \quad \boldsymbol{\beta} = \begin{bmatrix} 1 & 0 & 0 & 0 & \cdots & 0 \\ 0 & 1 & -1 & 0 & \cdots & 0 \\ 0 & 0 & 1 & -1 & \cdots & 0 \\ \vdots & \vdots & \vdots & \vdots & \ddots & \vdots \\ 0 & 0 & 0 & 0 & \cdots & 1 & -1 \end{bmatrix}, \quad \boldsymbol{b} = \begin{bmatrix} 1 \\ 0 \\ 0 \\ \vdots \\ 0 \end{bmatrix}$$

将式（2.54）变换到s域，并将常数矩阵代入，化简得电压为

$$(s^2 \boldsymbol{A}_{11} + s\boldsymbol{B}_{11} - \boldsymbol{\beta})\boldsymbol{v}_1(s) + (s^2 \boldsymbol{A}_{12} + s\boldsymbol{B}_{12})\boldsymbol{v}_2(s) = \boldsymbol{b}v_{\text{in}}(s) \tag{2.55a}$$

$$(s^2 \boldsymbol{A}_{21} + s \boldsymbol{B}_{21}) \boldsymbol{v}_1(s) + (s^2 \boldsymbol{A}_{22} + s \boldsymbol{B}_{22} - \boldsymbol{\beta}) \boldsymbol{v}_2(s) = 0 \qquad （2.55b）$$

式中，

$$\boldsymbol{A}_{11} = \boldsymbol{L}_{\text{a}} \boldsymbol{\alpha}^{-1} \boldsymbol{C}_1 - \boldsymbol{M} \boldsymbol{\alpha}^{-1} \boldsymbol{C}_{\text{tc}}$$

$$\boldsymbol{A}_{12} = -\boldsymbol{L}_{\text{a}} \boldsymbol{\alpha}^{-1} \boldsymbol{C}_{\text{tc}} + \boldsymbol{M} \boldsymbol{\alpha}^{-1} \boldsymbol{C}_2$$

$$\boldsymbol{A}_{21} = \boldsymbol{M} \boldsymbol{\alpha}^{-1} \boldsymbol{C}_1 - \boldsymbol{L}_{\text{v}} \boldsymbol{\alpha}^{-1} \boldsymbol{C}_{\text{tc}}$$

$$\boldsymbol{A}_{22} = -\boldsymbol{M} \boldsymbol{\alpha}^{-1} \boldsymbol{C}_1 + \boldsymbol{L}_{\text{v}} \boldsymbol{\alpha}^{-1} \boldsymbol{C}_{\text{tc}}$$

$$\boldsymbol{B}_{11} = \boldsymbol{R}_{\text{a}} \boldsymbol{\alpha}^{-1} \boldsymbol{C}_1$$

$$\boldsymbol{B}_{12} = -\boldsymbol{R}_{\text{a}} \boldsymbol{\alpha}^{-1} \boldsymbol{C}_{\text{tc}}$$

$$\boldsymbol{B}_{21} = -\boldsymbol{R}_{\text{v}} \boldsymbol{\alpha}^{-1} \boldsymbol{C}_{\text{tc}}$$

$$\boldsymbol{B}_{22} = \boldsymbol{R}_{\text{v}} \boldsymbol{\alpha}^{-1} \boldsymbol{C}_2$$

　　假设施扰线的输入激励为斜阶跃信号，将电压 $\boldsymbol{v}_1(s)$、$\boldsymbol{v}_2(s)$ 做泰勒级数展开后，代入式（2.55），利用等式两边 s^i 项的系数相等的性质，得到 $\boldsymbol{v}_1(s)$ 和 $\boldsymbol{v}_2(s)$ 的相关参数，最终得到受扰线远端串扰电压的表达式。利用(1, 3)阶Pade逼近式近似受扰线远端的电压，可得到其三极点的串扰表达式[12]。

3. FDTD模型

　　时域有限差分（Finite Difference Time Domain，FDTD）方法在集成电路互连线的仿真和瞬态分析中应用广泛[19-20]。利用TDTD也可得到互连线串扰的数值模型，总体思路如下：在空间和时间维度上离散互连线长度和时间，将TEM的电报方程化为有限差分离散形式，得到空间和时间上每个离散网格处的电场值和磁场值。

　　图2.16所示两条耦合互连线的RLC等效电路的TEM电报方程为[20]

$$\frac{\partial}{\partial x} \boldsymbol{V}(x,t) + \boldsymbol{R} \boldsymbol{I}(x,t) + \boldsymbol{L} \frac{\partial}{\partial t} \boldsymbol{I}(x,t) = 0 \qquad （2.56a）$$

$$\frac{\partial}{\partial x} \boldsymbol{I}(x,t) + \boldsymbol{C} \frac{\partial}{\partial t} \boldsymbol{V}(x,t) = 0 \qquad （2.56b）$$

式中，每段互连线的参数如下：

$$\boldsymbol{V} = \begin{bmatrix} V_1 \\ V_2 \end{bmatrix}, \quad \boldsymbol{I} = \begin{bmatrix} I_1 \\ I_2 \end{bmatrix}, \quad \boldsymbol{R} = \begin{bmatrix} r_{\text{a}} & 0 \\ 0 & r_{\text{v}} \end{bmatrix}, \quad \boldsymbol{L} = \begin{bmatrix} l_{\text{a}} & l_{\text{m}} \\ l_{\text{m}} & l_{\text{v}} \end{bmatrix}, \quad \boldsymbol{C} = \begin{bmatrix} C_{\text{a}} + C_{\text{c}} & -C_{\text{c}} \\ -C_{\text{c}} & C_{\text{v}} + C_{\text{c}} \end{bmatrix}$$

　　利用FDTD方法对电流和电压采用交互的1/2离散化处理，如图2.17所示，可以有效提高等效精度。

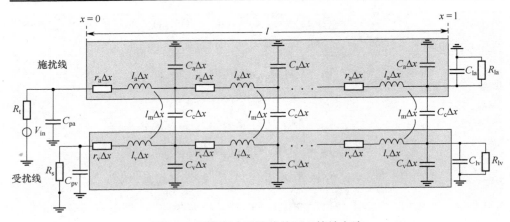

图2.16　两条耦合互连线的RLC等效电路

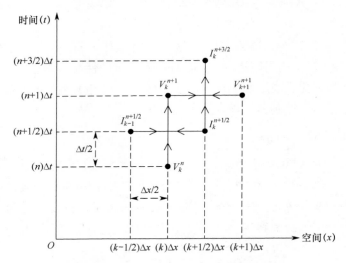

图2.17　电流、电压的空间和时间离散化

设互连线平均分为NDZ段，$\Delta x = l/\mathrm{NDZ}$。将离散化电流和电压代入式（2.56）。当$k = 1, 2, \cdots, \mathrm{NDZ}$时，

$$\frac{V_{k+1}^{n+1} - V_k^{n+1}}{\Delta x} + L\frac{I_k^{n+3/2} - I_k^{n+1/2}}{\Delta t} + R\frac{I_k^{n+3/2} + I_k^{n+1/2}}{2} = 0 \tag{2.57a}$$

$$I_k^{n+3/2} = BDI_k^{n+1/2} + B(V_k^{n+1} - V_{k+1}^{n+1}) \tag{2.57b}$$

当$k = 2, 3, \cdots, \mathrm{NDZ}$时，

$$\frac{I_k^{n+1/2} - I_{k-1}^{n+1/2}}{\Delta x} + C\frac{V_k^{n+1} - V_k^n}{\Delta t} = 0 \tag{2.58a}$$

$$V_k^{n+1} = V_k^n + A(I_{k-1}^{n+1/2} - I_k^{n+1/2}) \tag{2.58b}$$

式中，$A = \left(\dfrac{\Delta x}{\Delta t} C\right)^{-1}$，$B = \left(\dfrac{\Delta x}{\Delta t} L + \dfrac{\Delta x}{2} R\right)^{-1}$，$D = \dfrac{\Delta x}{\Delta t} L - \dfrac{\Delta x}{2} R$。

建立源端和负载端的边界条件后，通过迭代即可得到受扰线的远端电压和电流[19]。

2.4.4　单粒子串扰的等效电路

当高能粒子入射半导体器件的敏感区时，会诱发单粒子瞬态脉冲。若存在互连线的耦合效应，则在另一条电气不相关的互连线上会出现电压扰动，这被称为单粒子串扰（Single Event Crosstalk，SEC），如图2.18所示。

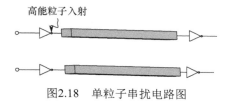

图2.18　单粒子串扰电路图

典型的SEC等效电路，包括4π、10π等效电路[21-22]，如图2.19和图2.20所示。

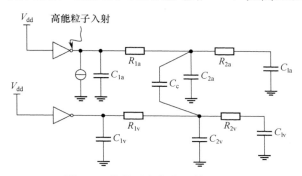

图2.19　单粒子串扰的4π等效电路

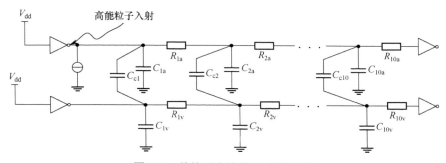

图2.20　单粒子串扰的10π等效电路

2.5　互连线串扰的影响因素

互连线串扰的影响因素较多，如互连线的长度、技术节点、温度、工作频率，对单粒子串扰而言还包括累积电荷、粒子入射能量等。

当信号在互连线上传播时，由于存在时延，当输入信号从低电平转换到高电平时，信号经过一定的时延后才到达高电平。当互连线的输入信号处于"稳定状态"时，线上的电容和电感都不存在充放电现象，因此不产生串扰噪声。然而，互连线传输的信号在转换过程中，如果互连线上的电压、电流发生变化，那么会导致互连线的电容、电感充放电，进而产生串扰。因此，串扰的一个重要影响因素就是互连线的耦合长度。随着耦合长度的增加，串扰呈增加趋势。除了耦合长度，互连线的介质厚度和线间距也对串扰产生影响。介质厚度越厚，产生的串扰就越严重；两条互连线的间距越小，产生的串扰就越大。

随着集成电路技术的高速发展，互连线层数不断增加，且每层互连线的温度都不相同[23]。互连线温度的不同会导致互连线的电阻、电容、电感发生变化，进而影响互连线的串扰效应。电容、电阻、电感和温度的关系为[23]

$$T_{cc} = T_{cc}(\text{th}) + T_{cc}(\text{sc}) + T_{cc}(\varepsilon_{ox}) \tag{2.59}$$

$$T_{rc} = T_{rc}(\text{th}) + T_{rc}(\rho) \tag{2.60}$$

$$T_{lc} = T_{lc}(\text{th}) + T_{lc}(\text{in}) \tag{2.61}$$

在式（2.59）中，$T_{cc}(\text{th})$是热膨胀引起的电容平板面积和电介质厚度变化，$T_{cc}(\text{sc})$是温度引起的空间电容变化，$T_{cc}(\varepsilon_{ox})$是温度对介电常数的影响。对于金属电容器，电容的温度系数一般为$(30\sim50)\times10^{-6}/°C$。

在式（2.60）中，$T_{rc}(\text{th})$是金属的热膨胀引起的电阻变化，$T_{rc}(\rho)$是电阻率随温度的变化。对于金属铜，电阻的温度系数一般为$4000\times10^{-6}/°C$。

在式（2.61）中，$T_{lc}(\text{th})$是金属的热膨胀引起的电感变化，$T_{lc}(\text{in})$是电感随温度升高引起的趋肤深度增加。电感的温度系数一般为$(50\sim70)\times10^{-6}/°C$。

高频时的趋肤效应也会影响电阻、电感的变化。这些因素都会使得互连线上的信号发生变化，对高速集成电路产生一定的影响，对互连层的影响更大。频率对电阻的影响可由式（2.19）计算得到。频率对电容的影响很小，可以忽略。由于频率的影响，互连线的自感为

$$L_s = \frac{\mu_0}{2\pi}\left[l\ln\frac{2l}{w+t} + 0.5l + 0.2235(w+t) - \mu_r(0.25 - X)\right] \tag{2.62}$$

式中，

$$X = \begin{cases} 0.4732x, & x < 0.5 \\ 0.0578x - 0.1897, & 0.5 \leqslant x \leqslant 1 \\ 0.25, & x > 1 \end{cases}$$

其中 $x = \dfrac{\delta}{0.2235(w+t)}$ 。

2.6　本章小结

本章概括和总结了互连线串扰的基本理论和模型，介绍了互连线的基本理论，分析和研究了互连线寄生电学参数的提取，探讨了容性和感性耦合引起的串扰，介绍了几种典型互连线串扰的等效电路和解析模型，以及互连线串扰的影响因素。

参 考 文 献

[1] 苏宝琴. 基于LPDDR4高速芯片POP封装的信号完整性协同设计与研究[D]. 西安电子科技大学，2017.

[2] 林文正. 基于STM32的PCB信号完整性分析与应用[D]. 上海交通大学，2018.

[3] 朱恒亮，曾璇，崔涛，等. 纳米集成电路互连线建模和光刻仿真中的大规模并行计算方法[J]. 中国科学：信息科学，2016, 46(10): 1372-1391.

[4] 孙修晨. 基于32nm CMOS工艺的互连线串扰及时延的分析与优化[D]. 天津大学，2013.

[5] Semiconductor Industry Association. *International Technology Roadmap for Semiconductors (ITRS) 2015 edition.*

[6] 张岩. 考虑自热效应互连性能优化及硅通孔结构热传输分析[D]. 西安电子科技大学，2013.

[7] 许雅俊. 28nm铜互连电容模型及热处理对互连线的影响[D]. 上海交通大学，2013.

[8] Shyh-Chyi W, Gwo-Yann L, Dye-Jyun M. *Modeling of interconnect capacitance, delay, and crosstalk in VLSI* [J]. IEEE Trans. Semiconductor Manufacturing, 2000, 13(1):108-111.

[9] Shyh-Chyi W, Trent Gwo-Yann L, Dye-Junn M, et al. *An empirical three-dimensional crossover capacitance model for multilevel interconnect VLSI circuits.* IEEE Trans [J]. Semiconductor Manufacturing, 2000, 13(2): 219-227.

[10] Aditya B, Bipul C P, Kaushik R. *An Analytical Fringe Capacitance Model for Interconnects Using Conformal Mapping* [J]. IEEE Trans. Computer-Aided Design Integ. Circ. Sys., 2006, 25(12): 2765-2774.

[11] Li J W, Dong G, Wang Z, et al. *Statistical interconnect crosstalk noise model and analysis of*

process variations [J]. Chin. J. Electronics, 2015, 24(1): 83-87.

[12] Xu P, Pan Z L. *The analytical model for crosstalk noise of current-mode signaling in coupled RLC interconnects of VLSI circuits* [J]. J. Semiconductors, 2017, 38(9): 095003.

[13] 王子二. 互连线和CMOS模型对性能影响的分析[J]. 信息技术，2009, 7: 50-52.

[14] 孔昕，吴武臣，侯立刚，等. VLSI互联线的时延优化研究[J]. 微电子学与计算机，2010, 27(4): 66-68.

[15] 朱樟明，钟波，杨银堂. 基于RLC π形等效模型的互连网络精确焦耳热功耗计算[J]. 物理学报，2010, 59(7): 4895-4900.

[16] Devgan A. *Efficient Coupled Noise Estimation for On-Chip Interconnects* [J]. Proceeding of the IEEE/ACM International Conference on Computer Aided Design, California, United States, Nov. 9-13, 1997: 147-151.

[17] Kuhlmann M, Sapatnekar S S. *Exact and Efficient Crosstalk Estimation* [J]. IEEE Trans. CAD, 2001, 20(7): 858-866.

[18] 朱樟明，钱利波，杨银堂. 一种基于纳米级CMOS工艺的互连线串扰RLC解析模型[J]. 物理学报，2009, 58(4): 2631-2636.

[19] 梁锋. 时域有限差分法及其在碳基互连线仿真中的应用[D]. 武汉大学，2011.

[20] Kumar V R, Kaushik B K, Patnaik A. *An accurate model for dynamic crosstalk analysis of CMOS gate driven on-chip interconnects using FDTD method* [J]. Microelectronics J., 2014, 45: 441-448.

[21] Sayil S, Boorla V K. *Single event crosstalk prediction in nanometer technologies* [J]. Analog Integr Circ Sig Process, 2012, 72:205-214.

[22] Akkur A B. *Single event crosstalk noise contamination in nanoscale CMOS circuits* [D]. Lamar University, Beaumont, Texas, United States, 2008.

[23] 魏建军，王振源，陈付龙，等. 温度和频率对互连线信号完整性的影响[J]. 哈尔滨工程大学学报，2019, 40(4): 834-838.

第3章　串扰效应对单粒子效应的影响

辐射环境中的高能粒子入射到半导体器件的敏感区时，会累积能量，诱发单粒子效应（SEE）。随着器件特征尺寸的不断缩小，电源电压减小，时钟频率增加，器件的临界电荷缩减，导致器件对SEE的敏感性增加。SEE中的单粒子翻转（SEU）和单粒子瞬态（SET）是辐射环境中集成电路最主要的软错误来源。互连线间的串扰效应会进一步恶化SEU和SET对电路系统的影响，因此，电路设计者需要分析和评估互连线串扰效应对电路中SEU和SET的影响，进而优化电路结构布局，增强集成电路的抗辐射性能。

本章首先建立电路在SEU和SET下的可靠性评估模型，然后在这些模型的基础上分析串扰效应对SEU和SET的影响，最后探讨密勒效应和串扰效应对SET的综合影响。

3.1　串扰效应对单粒子翻转的影响

为满足用户的高集成度、多功能性和低功耗需求，器件的工作电压随着器件特征尺寸的缩小而不断降低，导致电路对辐射效应日益敏感[1-4]，例如超小尺寸存储电路对SEU非常敏感[5]。同时，互连线间距的缩短也使得串扰效应更加显著[6]。串扰效应的存在使得集成电路对SEE的敏感性增加，系统可靠性急剧下降。因此，未来的抗辐射加固技术需要考虑如何减弱互连线的串扰效应。

概率转移矩阵（Probabilistic Transfer Matrix，PTM）方法是一种针对逻辑门电路，能够精确地估计故障对电路可靠性影响的方法。PTM方法已用于精确计算集成电路的可靠性[7]。与其他方法相比，PTM方法具有很多优点，如输入组合的完全遍历性、很好的信号完整性、高计算精度等[7]。本节利用PTM方法估计电路在SEU下的可靠性。首先分析PTM的基本理论及运算规则，然后建立串扰效应下的可靠性评估模型[8]，最后估计若干电路的可靠性，以验证该模型的有效性。

3.1.1　概率转移矩阵的基本理论

PTM方法以逻辑门为单位，通过建立逻辑门的所有输入组合对应的输出概率来得到整个电路的概率模型，进而求出整体可靠性[7]。下面简要介绍PTM的定义及运算规则[7]。

将电路在输入值为 j 信号 $I = i_0, i_1, \cdots, i_{m-1}$ （m 是输入信号的总数）时，得到输出值为 k 信号 $O = o_0, o_1, \cdots, o_{n-1}$ （n 是输出信号的总数）的概率记为 $p(O = k \mid I = j)$，简记为 $p(k \mid j)$。例如，当输入 $(0,0,0)$ 时，输出 $(1,1)$ 的概率记为 $p(1,1 \mid 0,0,0)$，简记为 $p(3|0)$。于是，门电路的概率性质就可用一个 $2^m \times 2^n$ 矩阵来描述，其中 m, n 分别是输入端、输出端的总数，矩阵的第 $(j+1, k+1)$ 项是 $p(k \mid j)$，$j = 0, 1, \cdots, 2^{m-1}$，$k = 0, 1, \cdots, 2^{n-1}$，输入信号标识矩阵的行，输出信号标识矩阵的列。于是，就建立了电路的PTM。假设门电路的正确输出概率为 p，则错误输出概率为 $1-p$。下面给出几种基本逻辑门对应的PTM。

（1）二输入与门

$$
\begin{array}{c}
\begin{array}{cc} 0 & 1 \end{array} \\
\begin{array}{c} 00 \\ 01 \\ 10 \\ 11 \end{array}
\begin{pmatrix}
p & 1-p \\
p & 1-p \\
p & 1-p \\
1-p & p
\end{pmatrix}
\end{array}
$$

（2）二输入或门

$$
\begin{array}{c}
\begin{array}{cc} 0 & 1 \end{array} \\
\begin{array}{c} 00 \\ 01 \\ 10 \\ 11 \end{array}
\begin{pmatrix}
p & 1-p \\
1-p & p \\
1-p & p \\
1-p & p
\end{pmatrix}
\end{array}
$$

（3）非门

$$
\begin{array}{c}
\begin{array}{cc} 0 & 1 \end{array} \\
\begin{array}{c} 0 \\ 1 \end{array}
\begin{pmatrix}
p & 1-p \\
1-p & p
\end{pmatrix}
\end{array}
$$

（4）两端扇出线

$$
\begin{array}{c}
\begin{array}{cccc} 00 & 01 & 10 & 11 \end{array} \\
\begin{array}{c} 0 \\ 1 \end{array}
\begin{pmatrix}
p^2 & (1-p)p & (1-p)p & (1-p)^2 \\
(1-p)^2 & (1-p)p & (1-p)p & p^2
\end{pmatrix}
\end{array}
$$

当正确概率 p 等于1时，逻辑门电路无故障，所得概率矩阵称为理想转移矩阵（Ideal Transfer Matrix，ITM）。PTM的运算规则主要是张量积和矩阵乘法运算[7]。

① 串联电路。若两个逻辑门的PTM分别是 M_1, M_2，则串联后电路的PTM为 M_1 与 M_2 的矩阵乘，即 $M_1 * M_2$。

② 并联电路。若两个逻辑门的PTM分别是M_1，M_2，则并联后电路的PTM是M_1与M_2的张量积，即$M_1 \otimes M_2$。

3.1.2　可靠性评估方法及串扰的量化

3.1.1节介绍了PTM的理论及运算规则。运用PTM计算电路可靠性的方法可描述如下：对整个逻辑门电路分块，应用PTM运算规则计算每块的PTM，接着对这些级联块的PTM做矩阵乘法，得到整个电路的PTM，然后根据整个电路的ITM矩阵中概率为1时PTM对应位置的概率，对输入组合概率求平均值，即可得到整个电路的可靠度。具体计算过程见下节中的例子。下面给出在单粒子翻转（SEU）影响下，运用PTM估计电路可靠性的方法[3, 8]。假设一个逻辑门输出正确逻辑值的概率为p_0，发生SEU的概率为p_{SEU}，且逻辑门故障和SEU的发生是相互独立的，则在SEU的影响下，逻辑门输出正确逻辑值的概率为

$$p = p_0(1 - p_{\text{SEU}}) + p_{\text{SEU}}(1 - p_0) \tag{3.1}$$

随着工艺技术的不断进步，串扰效应的影响日益突出，互连线间的寄生串扰效应会引起预想不到的结果，如正毛刺或负毛刺，进而降低互连线传输信号的可靠性[6]。由于遮掩效应，远处互连线的串扰效应可以忽略。假设相邻互连线间的串扰概率为p_{C}，则邻近互连线的串扰效应使得信号传输的可靠性由原来的1变为$1 - p_{\text{C}}$。对于1端扇出线和2端扇出线而言，因受到邻近线的串扰效应，对应的PTM分别为[8]

$$F_1 = \begin{bmatrix} 1 - p_{\text{C}}, p_{\text{C}} \\ p_{\text{C}}, 1 - p_{\text{C}} \end{bmatrix}, \quad F_2 = \begin{bmatrix} (1 - p_{\text{C}})^2, (1 - p_{\text{C}})p_{\text{C}}, (1 - p_{\text{C}})p_{\text{C}}, p_{\text{C}}^2 \\ p_{\text{C}}^2, (1 - p_{\text{C}})p_{\text{C}}, (1 - p_{\text{C}})p_{\text{C}}, (1 - p_{\text{C}})^2 \end{bmatrix} \tag{3.2}$$

如果一根互连线同时受到邻近两根互连线的串扰，那么要将式（3.2）中的p_{C}改为$2p_{\text{C}}$。

3.1.3　可靠性估计及分析

下面通过一个如图3.1所示的简单电路来说明基于PTM的组合电路在SEU下的可靠性评估方法。这个电路源自ISCAS-89标准电路C17，共包含7个逻辑门、5个输入端和2个输出端。图中的虚线表示对电路按层分块，共分为6层。首先计算每层的PTM，然后对每层的PTM依次做矩阵乘法，最后得到整个电路的PTM。

电路第一层的PTM为 $M_1 = (((((F_1 \otimes F_1) \otimes F_2) \otimes F_2) \otimes F_1) * E(2,3)$ ，其中$E(2,3)$是初等矩阵，它对调左乘矩阵的第2列与第3列，是一种初等列变换。同理可得其他层的PTM：

$$M_2 = ((((\text{NAND1} \otimes F_1) \otimes \text{NOR2}) \otimes \text{NOT3}) \otimes F_1)$$

$$M_3 = ((((F_1 \otimes F_1) \otimes F_2) \otimes F_1) \otimes F_1)$$

$$M_4 = (F_1 \otimes \text{NAND4}) \otimes \text{NAND5}$$

$$M_5 = (F_1 \otimes F_2) \otimes F_1$$

$$M_6 = \text{NOR6} \otimes \text{NAND7}$$

最后，求得整个电路的PTM为

$$\text{PTM} = M_1 * M_2 * M_3 * M_4 * M_5 * M_6 \tag{3.3}$$

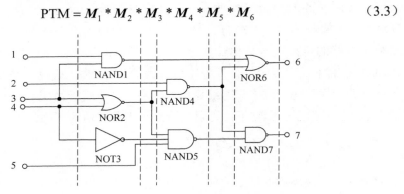

图3.1 逻辑电路示意图

无SEU和串扰效应下的可靠性被称为理想可靠性。下面讨论SEU对可靠性的影响。设SEU发生的概率为1×10^{-4}，串扰概率为0；设图3.1中的NOT3、NAND4分别发生SEU，利用式（3.1）和式（3.3）计算相应的可靠性，结果如图3.2所示，图3.3比较了单个逻辑门和两个逻辑门同时发生SEU时的可靠性。

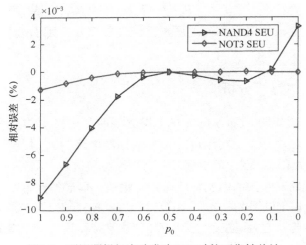

图3.2 不同逻辑门电路发生SEU时的可靠性估计

在图3.2中，纵坐标表示逻辑门发生SEU时的可靠性与理想可靠性的相对误差；因此，相对误差的绝对值越大，可靠性的降低量越多，对可靠性的影响就越严重。由图可见，两种门电路发生SEU时的可靠性随逻辑门故障率的增加呈先增后减的趋势变化，且NAND4发生SEU对可靠性的影响要比NOT3的严重，即发生SEU的逻辑门离输出端越远，对整个电路可靠性的影响就越小，因为远离输出端的逻辑门的错误信号会被后续电路改善。因此，对电路的抗SEU加固技术[9]应该更多地考虑加固离输出端近的器件或电路。

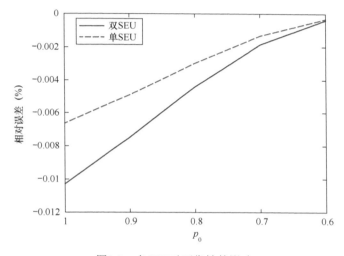

图3.3　多SEU对可靠性的影响

图3.3中纵坐标的含义与图3.2中的相同，实线表示NOT3和NAND4同时发生SEU时的可靠性与理想可靠性的相对误差，虚线表示整个电路中单个逻辑门发生SEU时可靠性与平均可靠性的相对误差。可见，双SEU的发生对可靠性的影响更严重。仿真发现，双SEU发生时可靠性的相对误差高达5%，而单SEU发生时可靠性的相对误差最高仅为0.01%。因此，在高可靠性应用中，应尽量避免多SEU的同时发生[9]。

固定每个逻辑门的正确概率分别为1和0.1，假设其中一个逻辑门发生SEU，计算不同SEU发生概率对应的可靠性变化情况，结果如图3.4所示。

由图3.4可知，当逻辑门的正确概率为1（无故障输出）时，电路的可靠性随着p_{SEU}的增加而降低；然而，当正确概率为0.1时，可靠性随p_{SEU}的增加而提高。出现这种现象的原因可通过简单分析式（3.1）来说明。由式（3.1）可知，若$p_0 > 0.5$，则有效正确概率p小于p_0，可靠性下降；若$p_0 < 0.5$，p大于p_0，则可靠性上升。当p_{SEU}大于0.01时，SEU对电路的可靠性产生严重影响。

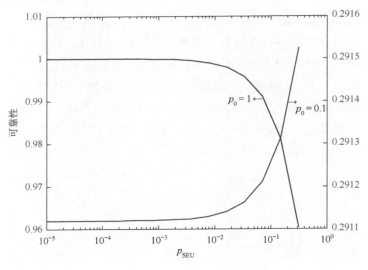

图3.4　不同p_{SEU}时的可靠性

3.1.4　串扰效应对电路可靠性的影响

下面分析串扰效应对电路可靠性的影响。已知图3.1中每个逻辑门电路的正确概率为1，计算SEU和串扰效应共同影响下的可靠性，结果如图3.5和图3.6所示。在图3.5中，设单个逻辑门发生SEU，且发生概率分别为0和0.1。在图3.6中，串扰概率分别1×10^{-4}、1×10^{-3}和1×10^{-2}。

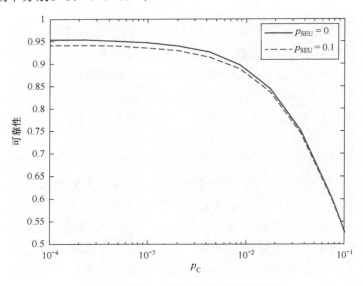

图3.5　不同p_{SEU}时串扰对可靠性的影响

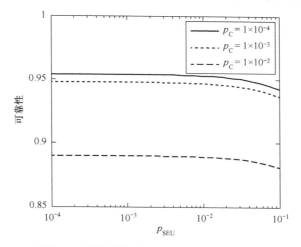

图3.6　不同串扰概率下SEU对可靠性的影响

由图3.5和图3.6可见，串扰效应对可靠性的影响比SEU严重。当p_{SEU}固定为0时，发生串扰的概率从$1×10^{-4}$增至$1×10^{-1}$，可靠性从0.955降至0.535；当发生串扰的概率固定为$1×10^{-4}$时，p_{SEU}从$1×10^{-4}$增至$1×10^{-1}$，电路的可靠性从0.954降至0.942。由此可见，串扰效应对可靠性的影响更加显著，因此在提高可靠性的抗辐射加固设计中更应注重串扰效应的减弱或消除。

下面利用上面估计可靠性的方法对几种实际电路在SEU和串扰效应下的可靠性进行评估[3]：异或门、全加器、译码器、比较器和标准电路C17。假设逻辑门的正确输出概率为0.99，互连线间发生串扰的概率为0.01，逻辑门发生SEU的概率为0.01，结果如图3.7所示。

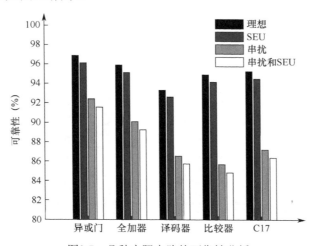

图3.7　几种实际电路的可靠性分析

由图3.7可见，发生SEU导致的可靠性降低量要小于串扰导致的可靠性降低量。随着技术的不断进步，电路对SEU更加敏感，串扰效应变得更加突出，因此会急剧地降低电路的可靠性。

图3.8和图3.9显示了可靠性随串扰概率和SEU发生概率变化的曲线。

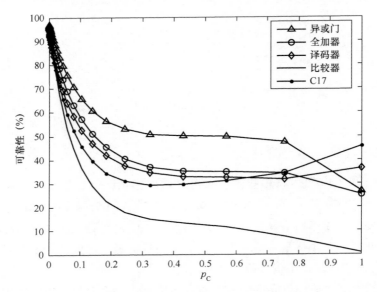

图3.8　可靠性随串扰概率变化的曲线

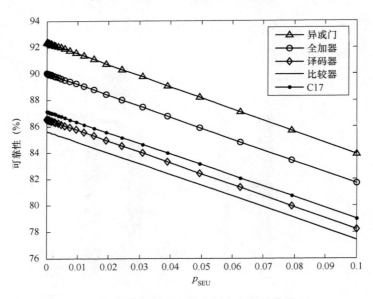

图3.9　可靠性随SEU发生概率变化的曲线

由图3.8和图3.9可见，当SEU发生概率从0增至0.1时，这些实际电路的可靠性呈线性下降趋势，最大降幅约为10%；然而，当串扰概率从0增至0.1时，电路的可靠性急剧下降，最大降幅达41%。由此可见，与SEU发生概率相比，串扰效应对可靠性的影响更显著。

3.2　串扰效应对单粒子瞬态的影响

在航空、航天等辐射严重的工作环境中，随着器件特征尺寸的不断缩小，单粒子瞬态（SET）已成为威胁系统可靠性的重要因素[5, 10-14]。对用于辐射环境的超深亚微米器件而言，设计者需要考虑SET对电路可靠性的影响，评估电路在SET下的可靠性[12]，因此迫切需要一些实用、准确的模型来预测电路发生SET时的可靠性[1, 7, 13, 15]。然而，目前对SET可靠性评估的研究甚少，尚无关于电路在SET下可靠性评估的报道。

为了有效、准确地估计电路在SET下的可靠性，本节通过定义SET电压的多状态系统和信号概率模型[14]，基于通用产生函数[16]建立一种估计纳米CMOS电路在SET下的可靠性的数学模型[3, 17]。该评估模型综合考虑了逻辑门的逻辑遮掩和电气遮掩，以及互连线间串扰效应对可靠性的影响。通过评估ISCAS-89标准电路在SET下的可靠性，验证了该模型的有效性和实用性。

3.2.1　SET电压的多状态系统

要分析电路在SET下的可靠性，就要知道SET状态信号的特征。首先定义SET电压的多状态系统[3, 17]，如图3.10所示。

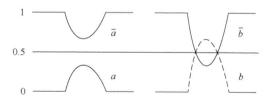

图3.10　SET电压的多状态波形示意图

- 0：信号线无SET发生，且逻辑值为0。
- 1：信号线无SET发生，且逻辑值为1。
- a：信号线存在SET扰动，形状起源于0，峰值小于$V_{DD}/2$。
- $\bar{a}$：信号线存在SET扰动，形状起源于1，峰谷值大于$V_{DD}/2$。

- b：信号线存在SET扰动，形状起源于0，峰值大于$V_{DD}/2$。
- $\bar{b}$：信号线存在SET扰动，形状起源于1，峰谷值小于$V_{DD}/2$。

由图3.10及定义可知，状态a和$\bar{a}$表示弱SET扰动，状态b和$\bar{b}$表示强SET扰动。令集合$S = \{0, a, b, \bar{a}, \bar{b}, 1\}$，则电路中任何信号线在任何时候的状态都包含在集合$S$中。信号线$j$在任何时候的状态$V_j$是一个随机变量，且$V_j \in S$。不同状态对应的概率表示为集合

$$\boldsymbol{p}_j = \{p_{j1}, p_{j2}, \cdots, p_{j6}\} \tag{3.4}$$

式中，$p_{jh} = \Pr\{V_j = s_h \mid s_h = S(h), h = 1, 2, \cdots, 6\}$，且$\sum_{h=1}^{6} p_{jh} = 1$。

若电路中节点n_i发生SET，则提取从n_i节点到每个可到达主输出端或双稳态端的所有敏化路径。所谓敏化路径，是指从SET发生节点到可达主输出端经过的线路；所谓非敏化信号线，是指作为敏化路径上的逻辑门的一个输入端[18]。可使用前向深度优先搜索算法（Depth First Search，DFS）[19]来提取敏化路径。

设一条敏化路径包含n条信号线，则其状态由这些信号确定。设w_i，$i = 1, 2, \cdots,$ 6是主输出端的信号状态，则信号状态W是一个包含在集合S中的随机变量。

假设敏化路径上由所有逻辑门的信号线状态组成的可能信号空间为$S^n = S \times S \times \cdots \times S$，且定义从所有敏化路径的信号状态到主输出端的信号状态的函数映射为$f(V_1, V_2, \cdots, V_n): S^n \rightarrow S$（称为系统结构函数）[16]，则有

$$W = f(V_1, V_2, \cdots, V_n) \tag{3.5}$$

主输出端信号的概率质量函数表示为

$$q_i = \Pr\{W = w_i\}, \quad w_i \in S, i = 1, 2, \cdots, 6 \tag{3.6}$$

若定义一个满意度函数$\pi(W, \theta)$来描述输出值与可接受范围间的期望关联性，则电路在SET下的可靠性为

$$R(\theta) = E[\pi(W, \theta)] = \sum_{i=1}^{6} q_i \pi(w_i, \theta) \tag{3.7}$$

若从发生SET的节点n_i到达的是一个双稳态输入端，则对应的可靠性可以表示为$1 - (1 - R(\theta))P_{\text{latched}}$，其中$P_{\text{latched}}$是节点$n_i$的错误值到达触发器输入端并被捕获的概率[20]。从节点n_i到达k个主输出端的整体概率为

$$R_{\text{all}} = \prod_{j=1}^{k} R_j(\theta) \tag{3.8}$$

3.2.2 通用产生函数

通用产生函数（也称u函数）用于表示信号的概率质量[16]：

$$u_j(z) = \sum_{h=1}^{6} p_{jh} z^{s_h} \qquad (3.9)$$

假设逻辑门的输入信号包含 $V_1, V_2, \cdots, V_n$，为了利用 u 函数来描述逻辑门的概率质量，定义下面的算子：

$$
\begin{aligned}
U(z) &= \underset{f}{\otimes}(u_1(z), u_2(z), \cdots, u_n(z)) \\
&= \underset{f}{\otimes}\left(\sum_{h=1}^{6} p_{1h} z^{s_h}, \sum_{h=1}^{6} p_{2h} z^{s_h}, \cdots, \sum_{h=1}^{6} p_{nh} z^{s_h} \right) \qquad (3.10) \\
&= \sum_{h=1}^{6} \sum_{h=1}^{6} \cdots \sum_{h=1}^{6} \left(\prod_{i=1}^{n} p_{ih} z^{f(s_h, s_h, \cdots, s_h)} \right)
\end{aligned}
$$

由式（3.10）可见，u 函数的关键是映射函数 f。考虑到逻辑门的逻辑遮掩作用，这里定义了几种基本逻辑门的映射函数，如表 3.1 所示。

表3.1　基本逻辑门的映射函数 f[3]

逻 辑 门	映射函数 f
与门	$\mathrm{minf}(1, x^*) = x$; $\mathrm{minf}(0, x) = 0$; $\mathrm{minf}(a, y^*) = a$; $\mathrm{minf}(\bar{b}, y) = y$; $\mathrm{minf}(b, \bar{a}) = a$
或门	$\mathrm{addf}(1, x) = 1$; $\mathrm{addf}(0, x) = x$; $\mathrm{addf}(\bar{a}, y) = \bar{a}$; $\mathrm{addf}(a, b) = b$; $\mathrm{addf}(a, \bar{b}) = \bar{a}$; $\mathrm{addf}(b, \bar{b}) = \bar{a}$
非门	$\mathrm{notf}(1) = 0$; $\mathrm{notf}(0) = 1$; $\mathrm{notf}(a) = \bar{a}$; $\mathrm{notf}(\bar{a}) = a$; $\mathrm{notf}(b) = \bar{b}$, $\mathrm{notf}(\bar{b}) = b$

注：* $x \in S = \{0, a, b, \bar{a}, \bar{b}, 1\}$，$y \in S - \{0, 1\}$。

3.2.3　可靠性评估算法

根据 3.2.1 节和 3.2.2 节中的理论，可以建立数字电路发生 SET 时可靠性的评估模型。假设电路的输入端数量为 m，则存在 2^m 个可能的输入逻辑组合。评估可靠性的算法步骤如下[3, 17]：

（1）计算电路无错误时对应的真值表 F。

（2）利用前向 DFS 方法或其他搜索算法，提取 SET 发生节点到每个可达主输出端或双稳态输入端的所有敏化路径。

（3）给定一组可能的输入组合 s，确定 n_i 节点信号的 u 函数以及非敏化信号线的 u 函数。注意，非敏化信号线的状态仅包含 0 和 1。

（4）沿着一条敏化路径，利用式（3.9）、式（3.10）和表 3.1 定义的映射函数计算所有敏化路径逻辑门的 u 函数。

（5）得到输入为 s 时对应的主输出端的 u 函数 $U_s(z)$。

（6）定义满意度函数 $\pi(W, \theta)$，用式（3.7）确定输入组合 s 对应的可靠性 R_s。

（7）计算所有输入组合下的系统可靠性：

$$R = \sum_{s=0}^{2^m-1} Q_s R_s \tag{3.11}$$

式中，Q_s是输入组合s对应的概率。

3.2.4 串扰效应和遮掩对可靠性的影响

众所周知，因为存在遮掩作用[7]，逻辑门的位置和尺寸会影响扰动的传播。当噪声扰动输入一个逻辑门时，逻辑门会过滤、减缓噪声扰动[15]，这就是所谓的电气遮掩。对SET信号而言，这种遮掩作用可视为扰动状态"a"经过一个逻辑门后，可能变为状态"0"。逻辑门除电气遮掩外，还有逻辑遮掩，这种遮掩在定义映射函数时就已考虑。假设电气遮掩概率为$1-P_E$，对于一个逻辑门，不考虑电气遮掩时的u函数为

$$u_0(z) = p_0 z^0 + p_a z^a + p_b z^b + p_{\bar{b}} z^{\bar{b}} + p_{\bar{a}} z^{\bar{a}} + p_1 z^1 \tag{3.12}$$

式中，

$$p_0 + p_a + p_b + p_{\bar{a}} + p_{\bar{b}} + p_1 = 1 \tag{3.13}$$

则考虑电气遮掩作用后的u函数为

$$\begin{aligned} u(z) = (p_0 + p_a P_E)z^0 + (p_a(1-P_E) + p_b P_E)z^a + p_b(1-P_E)z^b + \\ p_{\bar{b}}(1-P_E)z^{\bar{b}} + (p_{\bar{a}}(1-P_E) + p_{\bar{b}} P_E)z^{\bar{a}} + (p_1 + p_{\bar{a}} P_E)z^1 \end{aligned} \tag{3.14}$$

随着技术的不断发展，互连线间的串扰效应对电路可靠性的影响越来越严重[6]。下面分析串扰效应对电路在SET下的可靠性的影响。为简单起见，仅考虑同一逻辑门输入信号线间的串扰效应。假设串扰概率为p_C，对有两个输入端的逻辑门而言，输入信号线的原始u函数分别为

$$u_1(z) = p_{11} z^0 + p_{12} z^a + p_{13} z^b + p_{14} z^{\bar{b}} + p_{15} z^{\bar{a}} + p_{16} z^1 \tag{3.15}$$
$$u_2(z) = p_{21} z^0 + p_{22} z^a + p_{23} z^b + p_{24} z^{\bar{b}} + p_{25} z^{\bar{a}} + p_{26} z^1$$

式中，$\sum_{h=1}^{6} p_{1h} = 1$，$\sum_{h=1}^{6} p_{2h} = 1$。

对$u_1(z)$来说，考虑串扰效应，其u函数调整为

$$u_1'(z) = p_{11}' z^0 + p_{12}' z^a + p_{13}' z^b + p_{14}' z^{\bar{b}} + p_{15}' z^{\bar{a}} + p_{16}' z^1 \tag{3.16}$$

式中，

$$p_{11}' = p_{11}(1 - p_C p_{t1}) + p_{12} p_{25} p_C + p_{13} p_{24} p_C$$
$$p_{12}' = p_{12}(1 - p_C p_{t1}) + (p_{11} p_{t1} + p_{12} p_{24})p_C$$
$$p_{13}' = p_{13}(1 - p_C p_{24}) + p_{12}(p_{23} + p_{22})p_C$$

$$p'_{14} = p_{14}(1 - p_C p_{23}) + p_{15} p_{24} p_C$$

$$p'_{15} = p_{15}(1 - p_C p_{22} - p_C p_{24}) + p_{16} p_{t1} p_C$$

$$p'_{16} = p_{16}(1 - p_C p_{t1}) + (p_{14} p_{23} + p_{15} p_{22}) p_C$$

$$p_{t1} = p_{22} + p_{23} + p_{24} + p_{25}$$

同理，可求出考虑串扰效应时另一条信号线的 u 函数。

3.2.5　可靠性评估及分析

如何利用所建模型来评估电路在 SET 下的可靠性？下面通过如图 3.11 所示的一个简单电路来说明计算过程，这里暂不考虑电气遮掩和串扰效应的影响。

按照 3.2.3 节中给出的可靠性评估算法步骤，首先计算电路在无故障情况下的真值表，如表 3.2 所示。假设逻辑门 C 发生 SET，且 SET 信号的概率分布满足：弱 SET（a 或 $\bar{a}$）的概率为 0.3，强 SET（b 或 $\bar{b}$）的概率为 0.7。然后，由式（3.12）确定逻辑门 C 的 u 函数，利用前向 DFS 算法提取从逻辑门 C 到主输出端的敏化路径，如图 3.11 中的粗线所示。

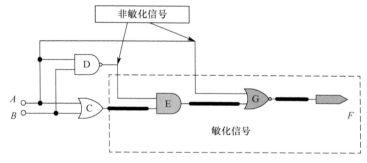

图 3.11　电路结构示意图

表 3.2　电路的真值表

A	B	C	F
0	0	0	1
0	1	1	0
1	0	1	0
1	1	1	0

非敏化信号如图 3.11 所示。对于非敏化信号，对应的 u 函数可以统一表示为 $u(z) = p_0 z^0 + p_1 z^1$，其中两个非敏化信号的 u 函数分别为 $u_D(z) = 0.25 z^0 + 0.75 z^1$ 和 $u_A(z) = 0.5 z^0 + 0.5 z^1$。

对于输入组合$s = 00$，发生SET的逻辑门C的u函数为$u_C(z) = 0.3z^a + 0.7z^b$，其他逻辑门的u函数为

$$u_E(z) = u_C(z) \underset{\text{minf}}{\otimes} u_D(z) = 0.25z^0 + 0.225z^a + 0.525z^b$$

$$u_{G00}(z) = u_E(z) \underset{\text{notf(addf)}}{\otimes} u_A(z) = 0.5z^0 + 0.2625z^{\bar{b}} + 0.1125z^{\bar{a}} + 0.125z^1$$

类似地，可得其他输入组合下对应输出端的u函数：

$$u_{G01}(z) = 0.5z^0 + 0.1125z^a + 0.2625z^b + 0.125z^1$$

$$u_{G10}(z) = 0.5z^0 + 0.1125z^a + 0.2625z^b + 0.125z^1$$

$$u_{G11}(z) = 0.5z^0 + 0.1125z^a + 0.2625z^b + 0.125z^1$$

定义一个简单的满意度函数：

$$\pi(w_i, \theta) = \begin{cases} 1(w_i > 0.5) \\ 0(w_i < 0.5) \end{cases}, \quad F = 1$$

$$\pi(w_i, \theta) = \begin{cases} 0(w_i > 0.5) \\ 1(w_i < 0.5) \end{cases}, \quad F = 0$$

(3.17)

假设输入组合的概率Q_s服从均匀分布且都为$1/2^2$，则电路在SET下的可靠性为

$$R = \sum_{s=00}^{11} Q_s R_s = \frac{1}{2^2} \sum_{s=00}^{11} \sum_{i=1}^{6} u_{Gs}(z)\pi(w_i, \theta)$$

$$= \frac{1}{4}[u_{G00}(z)\pi(w_i > 0.5, \theta) + u_{G01}(z)\pi(w_i < 0.5, \theta) + u_{G10}(z)\pi(w_i < 0.5, \theta) +$$

$$u_{G11}(z)\pi(w_i < 0.5, \theta)]$$

$$= \frac{1}{4}[(0.1125z^{\bar{a}} + 0.125z^1) + (0.5z^0 + 0.1125z^a) + (0.5z^0 + 0.1125z^a) +$$

$$(0.5z^0 + 0.1125z^a)]$$

$$= \frac{1}{4}[0.1125 + 0.125 + 3 \times (0.5 + 0.1125)] = 0.5188$$

根据所提出的可靠性评估方法，对ISCAS-89标准电路进行可靠性评估。假设SET发生在电路输入端，电气遮掩率为0.7，串扰概率为0.9，强SET、弱SET发生的概率分别为0.7和0.3，结果如图3.12所示。

由图3.12可见，若不考虑两种效应的影响，则电路的可靠性普遍较低，几乎都小于60%，且所有电路的平均可靠性为44.7%；若考虑遮掩效应的影响，则可靠性得到提高，平均提高41.6%，原因是逻辑门的遮掩效应会减缓扰动幅值，过滤部分扰动，进而提高输出正确信号的概率。虽然互连线间的串扰效应会恶化电

路的可靠性，但遮掩作用的存在可能改善可靠性。综合考虑两种效应的影响后，电路可靠性提高了约43%。

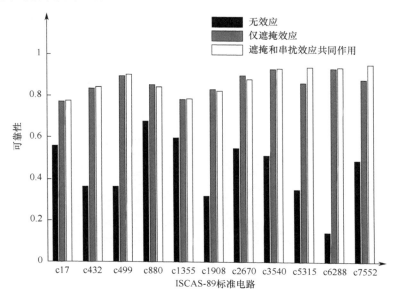

图3.12　ISCAS-89标准电路在SET下的可靠性

3.3　密勒效应和串扰效应对单粒子瞬态的影响

随着技术节点的不断缩小，密勒效应的影响变得不可忽略。所谓密勒效应，是指在转换操作中，器件间形成的负反馈效应[21]。参考文献[21]中详细研究了反相器链中密勒效应对SET的影响机制，但并未考虑互连线串扰效应的影响。他们发现密勒效应的存在提高了SET的临界脉冲宽度（SET通过整个逻辑电路传播的最小脉冲宽度），降低了SER的估计值。半导体技术的不断进步使得互连线间距变小、厚宽比增大，进而导致互连线串扰效应增强[16]。随着IC封装密度和时钟频率的增加，互连线间串扰噪声的影响变得不可忽视[13-14]。

3.3.1　不同布线结构的串扰效应

反相器链的结构简单明了、传播速度迅速，因此SET的电路模拟和试验研究很多都基于反相器链开展[16, 21]，不失一般性。下面采用反相器链进行研究。

这里提出两种电路布线结构，如图3.13所示。第一种结构称为线性结构，如图3.13(a)所示；第二种结构称为S形结构，如图3.13(b)所示。

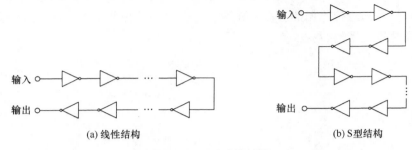

(a) 线性结构　　　　　　　　　　　　　　(b) S型结构

图3.13　两种布线结构

为了分析互连线串扰效应对不同布线结构电路中SET的影响，采用互连线
10π RC网络来近似互连线的原始分布式RC特性，如图3.14所示。

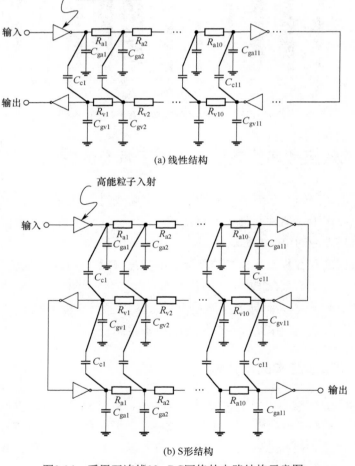

图3.14　采用互连线10π RC网络的电路结构示意图

这里只考虑互连线间的电容性串扰效应。反相器中的MOS采用45nm技术节点，且W_P/W_N = 90nm/90nm。互连线类型设置为中等级，长度为100μm，技术节点为45nm，互连线的其他参数设置见参考文献[22]。将这些参数代入式（3.18），可得互连线的电阻、接地电容和耦合电容值：

$$R = \frac{\rho l}{wt} \tag{3.18a}$$

$$C_g = \varepsilon \left[\frac{w}{h} + 2.04 \left(\frac{s}{s+0.54h} \right)^{1.77} \left(\frac{t}{t+4.53h} \right)^{0.07} \right] \tag{3.18b}$$

$$C_c = \varepsilon \left[1.41 \frac{t}{s} e^{\frac{-4s}{s+8.01h}} + 2.37 \left(\frac{w}{w+0.31s} \right)^{0.28} \left(\frac{h}{h+8.96s} \right)^{0.76} e^{\frac{-2s}{s+6h}} \right] \tag{3.18c}$$

式中，R是电阻，C_g是接地电容，C_c是耦合电容，ρ是导线的电阻率，l是导线长度，w是宽度，t是厚度，h是离最近地线的高度，s是互连线间隔，ε是相对电容率。

在SET的电路分析中，电荷收集机制通过在敏感节点引入瞬态电流源来表征[6, 10]，一般为双指数电流模型：

$$I(t) = \frac{Q_{\text{dep}}}{\tau_\alpha - \tau_\beta} (e^{-t/\tau_\alpha} - e^{-t/\tau_\beta}) \tag{3.19}$$

式中，Q_{dep}是粒子入射的累积电荷量，它与粒子的LET成正比，τ_α是PN结的电荷收集时间常数，τ_β是粒子轨迹初始化建立的时间常数。这里，τ_α和τ_β分别设为50ps和1ps。

反相器链设为8个反相器的串联。图3.15给出了不同布线结构在不同累积电荷情况下，电路输出端脉冲宽度的仿真结果。

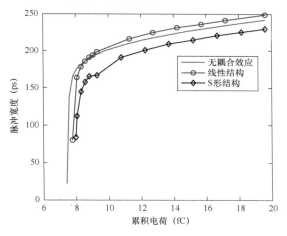

图3.15　不同布线结构脉冲宽度–累积电荷关系曲线图

若脉冲宽度为0，则观测不到SET。图3.15中的结果表明，由于互连线间容性串扰效应形成的负反馈效应，考虑串扰效应后，两种布线结构的阈值累积电荷值（SET在整个电路中传播所需的最小累积电荷量）有所提高。随着累积电荷的增加，线性结构的脉冲宽度要大于不考虑串扰时的情况，表明线性结构的串扰效应会加剧SET的影响；而S形结构的脉冲宽度要小于没有串扰效应时的情况，因此，S形结构要比线性结构对SET的免疫性好。

固定累积电荷$Q = 14.9$fC，图3.16中给出了随着收集时间的变化，不同布线结构考虑串扰效应和不考虑串扰效应时的输出脉冲宽度。可见，线性结构的脉冲宽度总大于S形结构的脉冲宽度，表明线性结构比S形结构对SET更敏感。互连线的串扰效应增强了SET在线性结构中的影响，而抑制了SET在S形结构中的影响。

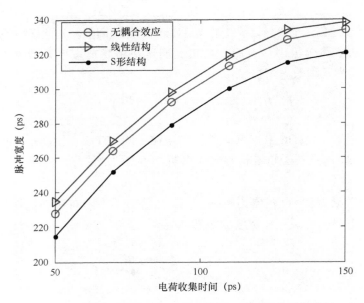

图3.16　不同布线结构脉冲宽度-电荷收集时间关系曲线图

图3.17中给出了不同布线结构的时延比较，表明互连线间的串扰效应会给SET的传播带来一定的时延，且由于更多级的串扰效应，S形结构的时延要稍大于线性结构的时延。

为了分析反相器阶数对SET传播的影响，固定累积电荷值$Q = 9.8$fC，建立仿真模型。图3.18所示为输出端的脉冲宽度和时延的仿真结果。

在图3.18(a)中，当反相器的阶数小于4时，两种结构的脉冲宽度没有明显差别；但当阶数大于4时，S形结构的脉冲宽度显著减小，而线性结构的脉冲宽度一直高于无串扰效应时的情况。原因可能是当反相器阶数小于4时，两种结构的串扰效应基本一致，导致了相同的脉冲宽度；当阶数大于4时，S形结构受到输入-输出间的多级串扰效应的影响，而线性结构只受单级串扰效应的影响。因此，S形结构在一定的阶数后，会减缓SET的影响。

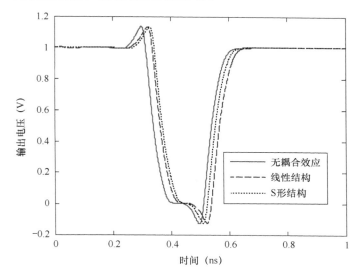

图3.17　不同布线结构的时延比较

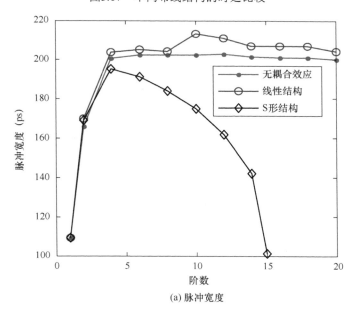

(a) 脉冲宽度

图3.18　不同阶数对应的输出结果

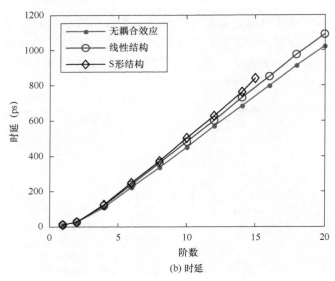

(b) 时延

图3.18　不同阶数对应的输出结果（续）

在图3.18(b)中，S形结构的时延总大于其他情况。当阶数为14时，线性结构、S形结构和无串扰效应时的时延分别为739ps、769ps和692ps。在线性结构中，输出的串扰效应直接影响输入；而在S形结构中，输出的串扰效应通过多级影响输入，带来了更多的时延。

3.3.2　密勒效应和串扰效应对SET影响的定性分析

3.3.1节分析了两种结构中互连线串扰效应对SET传播的影响。随着晶体管特征尺寸的不断缩小，密勒效应对SET的影响越来越显著。除了众所周知的正脉冲/负脉冲效应，密勒效应也通过输出-输入电容来影响逻辑电路中瞬态脉冲的传播，增加逻辑门的转换时间[21]。一些解析模型（如Narasimham模型[5]）已用于量化栅漏电容形成的密勒效应对逻辑门输出电压的影响。逻辑门器件可采用一个源漏电阻（r_{ds}）和一个负载电容（C_L）来模拟。负载逻辑门的栅漏电容（C_{gd}）所形成的密勒效应，会导致输出端充放电的转换时间增加。

如图3.19所示，用两个反相器串联的简单模型来定性分析密勒效应和串扰效应对逻辑门输出的影响。为了简化计算，将驱动-负载间的互连线分成3段，每段都采用1π RC网络来近似原始的分布式RC特性。考虑第一段和第三段互连线间的串扰效应，用电容C_c表示。假设驱动反相器的输出是从低到高的转换（输出从高到低的转换也可得出类似的结论），在转换期间，负载反相器使用一个增益为$-A$的放大器模拟。

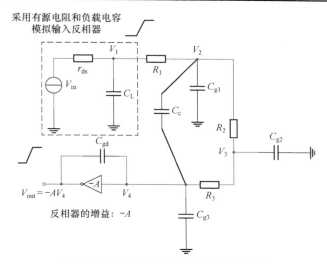

图3.19　密勒效应和串扰效应的解析模型

根据节点分析法，得到

$$\frac{V_{in} - V_1}{r_{ds}} = \frac{V_1}{1/sC_L} + \frac{V_1 - V_2}{R_1}$$

$$\frac{V_1 - V_2}{R_1} = \frac{V_2}{1/sC_{g1}} + \frac{V_2 - V_3}{R_2} + \frac{V_2 - V_4}{1/sC_c}$$

$$\frac{V_2 - V_3}{R_2} = \frac{V_3}{1/sC_{g2}} + \frac{V_3 - V_4}{R_3} \qquad (3.20)$$

$$\frac{V_3 - V_4}{R_3} = \frac{V_4}{1/sC_{g3}} + \frac{V_4 - V_2}{1/sC_c} + \frac{V_4 - V_{out}}{1/sC_{gd}}$$

式中，V_{in}是驱动逻辑门的输入电压，V_{out}是负载逻辑门的输出电压，V_i（$i = 1, 2,$ 3, 4）是第i个节点的电压，R_i和C_{gi}（$i = 1, 2, 3, 4$）分别是互连线的电阻和电容，C_c是耦合电容，s是拉普拉斯变换的变量。

将$V_{out} = -AV_4$代入式（3.20），可得传递函数为

$$\frac{V_4}{V_{in}} = \frac{b_3 s^3 + b_2 s^2 + b_1 s + b_0}{a_4 s^4 + a_3 s^3 + a_2 s^2 + a_1 s + a_0} \qquad (3.21)$$

式中，

$$b_3 = R_1^2 R_2^3 R_3^3 C_c C_{g2}(C_c + C_{g1})$$

$$b_2 = R_1 R_2^2 R_3 C_c[(R_1 C_c + R_1 C_{g1} + R_3 C_{g2})(R_1 + R_2) - r_{ds} R_2 R_3 C_{g2}]$$

$$b_1 = R_1 R_2 R_3(C_1 C_c + R_1 R_2(C_c + C_{g1}) + R_2 R_3 C_{g2})$$

$$b_0 = R_1 R_2 R_3 (R_1 + R_2 - r_{ds} R_2)$$

$$a_4 = [(C_{g3} + (1 + A)C_{gd} + C_c)(1 + C_{g1}/C_c) - C_c]b_3$$

$$a_3 = [R_3(R_1 + R_2 - r_{ds} R_2)(C_{g3} + (1 + A)C_{gd} + C_c) +$$
$$R_1 R_2 (C_c + C_{g1})]b_3/(R_1 R_2 R_3 C_c) + a_4 b_2/b_3$$

$$a_2 = b_0 b_3/C_c/(R_1 R_2 R_3)^2 + (a_3 - a_4 b_2/b_3)b_2/b_3 +$$
$$a_4(R_1 R_2 R_3 C_c)/b_3[b_0(R_1 + R_2)/(R_1 R_2 R_3) - R_1 R_2] -$$
$$[R_1 R_2 R_2 (C_c + C_{g1}) + R_1 R_2 R_3 C_c][R_1 R_2 (C_c + C_{g1}) + R_1 R_3 C_c]$$

$$a_1 = b_0 b_2/C_c/(R_1 R_2 R_3)^2 + (a_3 - a_4 b_2/b_3)C_c/b_3[b_0(R_1 + R_2) - R_1^2 R_2^2 R_3] -$$
$$b_0[(C_c + C_{g1})R_2/R_3 + 2C_c + C_{g1} + R_3/R_2 C_c]$$

$$a_0 = [(R_1 + R_2)/(R_1 R_2 R_3) - R_1 R_2 - 1/(R_1 R_3)]b_0^2/(R_1 R_2 R_3)$$

由传递函数可知，密勒效应（C_{gd}）和串扰效应（C_c）会使得负载逻辑门的输出复杂化。下一级的栅漏电容产生的密勒效应，使得前一级的有效RC时间常数增大、转换时间升高，进而对短周期脉冲不敏感[21]。密勒效应和串扰效应的存在使得传递函数的分母存在4个特征根，因此输出有4个有效RC时间常数。

3.3.3　判别SET的新标准

在静态随机存取存储器（Static Random Access Memory，SRAM）中，有效的SEU判别标准是粒子诱导寄生脉冲的幅值和宽度间存在的一种临界关系[23]。与该标准类似，这里提出一种判别逻辑电路中SET的新标准，这个标准综合考虑了密勒效应和串扰效应的影响。如前所述，临界累积电荷是产生一个SET脉冲扰动所需的最小累积电荷，该脉冲扰动必须具有足够的强度，使得在电路输出端可以观测到SET，即输出端电压扰动脉冲的宽度要大于零。

设置反相器链的阶数为8，每个反相器的栅漏电容为C_{gd} = 0.5fF。图3.20显示了考虑串扰效应和密勒效应的SET判别标准。固定时间常数（$\Delta\tau = \tau_\alpha - \tau_\beta$）时，若累积电荷大于临界累积电荷（图3.20中的实线），则在输出端可观测到SET，标注为"SET"区域；当累积电荷小于临界值时，输出端的电压扰动脉冲的半高全宽小于零，标注为"无SET"区域。

由图3.20可知，随着$\Delta\tau$的增加，发生SET的临界电荷首先减少至最小值，然后逐渐增加，原因是当$\Delta\tau$较小（如小于30ps）时，由于收集时间常数较小，输出节点发生SET，需收集较多的累积电荷；当收集时间常数增大到一定的值（如50ps）时，发生SET需要的累积电荷减少，但当收集时间常数较大（如大于

50ps）时，由于电子–空穴对的重组，临界累积电荷增加。临界累积电荷的最小值是一个临界点，当累积电荷小于该值时，无论脉冲宽度是多少，都不能观测到SET。密勒效应和串扰效应的存在，增大了逻辑电路发生SET所需的临界累积电荷，例如，当时间常数$\Delta\tau$为49ps时，不考虑两种效应的SET临界电荷为7.4fC，而考虑这两种效应的线性结构和S形结构的SET临界电荷分别是14.1fC和16.0fC。由于SER由临界电荷决定，因此密勒效应和串扰效应的存在降低了SER的估计值。此外，由SET的判别标准可见，线性结构对SET更敏感。

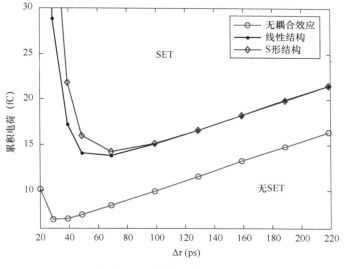

图3.20　判别SET的新标准

3.3.4　密勒效应和串扰效应对SET时延的影响

密勒效应和串扰效应主要通过引入电容（C_{gd}和C_c）来对逻辑电路中的SET产生影响，因此必然会给SET的传播带来一定的时延。图3.21给出了两种结构在密勒效应和串扰效应下的输出电压。

时延的测量方法如下：当输出电压从高转换到低时，测量扰动电压小于$V_{DD}/2$时对应的最小时间差；当输出电压从低转换到高时，测量扰动电压大于$V_{DD}/2$时对应的最小时间差。由图3.21可见，考虑密勒效应和串扰效应的线性结构、S形结构及不考虑这两种效应的输出的时延分别是673.55ps、734.56ps和335.53ps。可见，两种效应带来了2倍多的时延，且由于多级电容反馈，S形结构的时延要大于线性结构的时延；然而，S形结构的SET有所减弱，而线性结构的SET则有所增强。

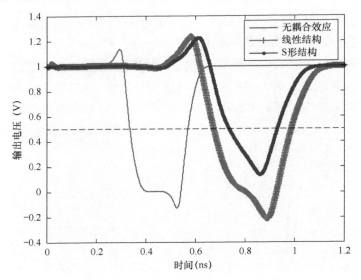

图3.21   逻辑电路中SET的传播时延

对两种结构的反相器链中的SET传播进行仿真后，结果如图3.22所示。累积电荷设为$Q = 19.6\text{fC}$。由图可见，随着反相器阶数的增加，两种结构的时延呈幂函数增加的趋势，且两种结构的时延基本相同。但是，S形结构的脉冲宽度要低于线性结构的脉冲宽度，进一步表明S形结构对SET更具免疫性。

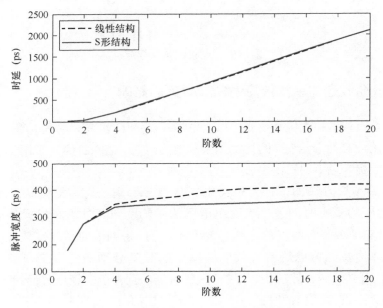

图3.22   两种结构时延及脉冲宽度的比较

3.4　本章小结

随着技术的不断进步，SEE成为器件、电路最主要的辐射效应，已严重威胁着系统的可靠性，且互连线间的串扰效应增强进一步降低了电路的可靠性。综合评估电路在SEE下的可靠性是迫切需要解决的问题。本章主要内容如下。

（1）基于PTM建立了电路在SEU下的可靠性评估模型。介绍了PTM的理论及运算规则；通过分析SEU的发生概率对逻辑门电路正确输出信号概率的影响，建立了电路在SEU下的可靠性评估模型；结合串扰效应对信号传输的影响，构建了串扰互连线的概率模型。结果表明：发生SEU的节点离输出端越近，对可靠性的影响就越大；串扰效应对可靠性的影响远大于SEU的影响，串扰应在加固设计中予以缓减或消除。

（2）构建了评估数字电路在SET下的可靠性的数学模型。根据SET扰动波形的类别，定义了信号的多状态系统及信号概率模型，设计了基本逻辑门的映射函数，运用通用产生函数建立了用于评估电路在SET下的可靠性的数学模型。所定义的映射函数考虑了逻辑门的逻辑遮掩作用；还通过考虑逻辑门的电气遮掩和串扰效应，给出了一种可靠性的综合评估模型。最后对ISCAS-89标准电路进行了可靠性评估，证实了该评估模型的实用性和可行性。研究发现，综合考虑遮掩和串扰效应的影响后，电路的可靠性平均提高了43%。

（3）研究了密勒效应和串扰效应对SET的影响及其机理。通过对比两种不同的布线结构，分析了串扰效应下的SET，探讨了累积电荷、电荷收集时间对输出电压脉冲宽度和时延的影响，并且详细分析了其影响机制。基于临界累积电荷和时间常数的关系，综合考虑密勒效应和互连线串扰效应的影响后，定义了一种判别SET是否可测的新标准。

参 考 文 献

[1] Wrobel F, Saigné F. *MC-ORACLE: a tool for predicting soft error rate* [J]. Compu. Phys. Communicat., 2011, 182: 317-321.

[2] Dodd P E, Massengill L W. *Basic mechanisms and modeling of single-event upset in digital microelectronics* [J]. IEEE Trans. Nucl. Sci., 2003, 50(3): 583-602.

[3] 刘保军. 纳电子器件及电路在单粒子效应下的可靠性研究[D]. 西安：空军工程大学，2013.

[4] Baumann R C. *Radiation-induced soft errors in advanced semiconductor technologies* [J]. IEEE

Trans. Dev. Mater. Reliab., 2005, 5(3): 305-316.

[5] Murat M, Akkerman A, Barak J. *Spatial distribution of electron-hole pairs induced by electrons and protons in SiO₂* [J]. IEEE Trans. Nucl. Sci., 2004, 51(6): 3211-3218.

[6] Sayil S, Akkur A, GaspardIII N. *Single event crosstalk shielding for CMOS logic* [J]. Microelectr. J., 2009, 40: 1000-1006.

[7] Krishnaswamy S, Viamontes G F, Markov I L, et al. *Probabilistic transfer matrices in symbolic reliability analysis of logic circuits* [J]. ACM Trans. Des. Autom. Electron. Syst., 2008, 13(1): 8-1-35.

[8] Liu B J, Cai L, Bai P, et al. *Reliability evaluation for single event crosstalk via probabilistic transfer matrix* [J]. Microelectr. Reliab., 2012, 52(7): 1511-1514.

[9] Mukati A. *A survey of memory error correcting techniques for improved reliability* [J]. J. Network Comput. App., 2011, 34: 517-522.

[10] Wirth G I, Vieira M G, Neto E H, et al. *Modeling the sensitivity of CMOS circuits to radiation induced single event transients* [J]. Microelectr. Reliab., 2008, 48: 29-36.

[11] Narasimham B, Gadlage M J, Bhuva B L, et al. *Characterization of neutron-and alpha-particle-induced transients leading to soft errors in 90-nm CMOS technology* [J]. IEEE Trans. Dev. Mater. Reliab., 2009, 9(2): 325-333.

[12] Kayali S. *Reliability of compound semiconductor devices for space applications* [J]. Microelectr. Reliab., 1999, 39: 1723-1736.

[13] Castet J F, Saleh J H. *Beyond reliability, multi-state failure analysis of satellite subsystems: a statistical approach* [J]. Reliab. Eng. Syst. Safety, 2010, 95: 311-322.

[14] Franco D T, Vasconcelos M C, Naviner L, et al. *Signal probability for reliability evaluation of logic circuits* [J]. Microelectr. Reliab., 2008, 48: 1586-1591.

[15] Wang F. *Soft error rate determination for nanometer CMOS VLSI circuits* [D]. Auburn Alabama: Auburn University, 2008.

[16] Jones J, Hayes J. *Estimation of system reliability using a non-constant failure rate model* [J]. IEEE Trans. Reliab., 2001, 50(3): 286-288.

[17] Liu B J, Cai L. *Reliability evaluation for single event transients on digital circuits* [J]. IEEE Trans. Reliab., 2012, 61(3): 687-691.

[18] Dubos G F, Castet J F, Saleh J H. *Statistical reliability analysis of satellites by mass category: does spacecraft size matter* [J]. Acta Astronautica, 2010, 67: 584-595.

[19] Asadi H, Tahoori M B. *Soft error modeling and remediation techniques in ASIC designs* [J]. Microelectr. J., 2010, 41: 506-522.

[20] Alvarado J, Boufouss E, Kilchytska V, et al. *Compact model for single event transients and total dose effects at high temperatures for partially depleted SOI MOSFETs* [J]. Microelectr. Reliab., 2010, 50: 1852-1856.

[21] Narasimham B, Bhuva B L, Holman W T, et al. *The effect of negative feedback on single*

event transient propagation in digital circuits [J]. IEEE Trans. Nucl. Sci., 2006, 53(6): 3285-3290.

[22] Nanoscale Integration and Modeling (NIMO) Group. *Predictive technology model*, 2012.

[23] Mérelle T, Chabane H, Palau J M, et al. *Criterion for SEU occurrence in SRAM deduced from circuit and device simulations in case of neutron-induced SER* [J]. IEEE Trans. Nucl. Sci., 2005, 52(4): 1148-115.

第4章　基于导纳的单粒子串扰建模分析

　　器件特征尺寸进入超深亚微米尺度后，量子效应、耦合效应、电荷共享效应、双极放大效应及尺寸调制效应等对单粒子效应产生的影响愈发显著[1-2]。工作频率的增加、供应电压的降低、电路噪声的增强，导致电路对SET的敏感性显著增加[3-5]。因此，SET受到了空间辐射领域相关人员的高度关注[6-7]。

　　工艺技术的不断进步使得互连线间的串扰效应变得十分显著，已成为IC性能退化的一个重要因素[8-10]。因此，在电路芯片设计流水线和信号完整性分析的早期阶段，必须考虑互连线间串扰效应的影响[11-12]。在驱动–互连线负载系统中，准确预测串扰波形及噪声峰值是一项很重要的研究内容[13]。目前，人们对串扰噪声的预测进行了大量研究[11-13]。

　　互连线间的串扰效应会导致一个SET脉冲沿着多个电气不相关的路径传播，而不沿单条入射路径传播，因此增加了电路的SET易受攻击部分及其敏感性[14]。Balasubramanian等分析了超深亚微米CMOS技术下影响串扰脉冲的因素[14]，利用90nm工艺的单个和两个光子激光吸收技术测试并证实单粒子串扰的存在；Sayil等采用互连线的4-π分布RC网络模型和主极近似方法，预测了65nm节点下的单粒子串扰噪声[10-11]，但误差较大（平均误差高达6.16%）、准确度不高，且估计串扰峰值采用迭代法，过程烦琐、复杂。虽然SPICE等电路仿真软件可给出较为准确的单粒子串扰数据，但运算时间过长，且当电路结构较复杂时，电路仿真预测串扰的工作量很大，不利于电路的高速集成化应用。本节基于导纳概念[12]和SET的等效电路，推导两线和多线间的SET在串扰效应下产生的电压扰动的解析表达式，量化串扰效应对SET的影响。

　　目前，存在较多的互连线分布模型[11-12]，如2节点、3节点、4节点等，这里采用互连线分布模型，利用导纳概念，简化计算过程和电压扰动表达式的复杂性，建立单粒子串扰的解析模型。利用该解析模型，通过求导和泰勒公式得到峰值时间及电压的简化表达式，通过与SPICE的仿真结果比较，证实该模型的准确性和有效性。

4.1　导纳的基本理论

　　若用$Y(s)$表示电路中节点导纳的拉普拉斯变换，则可将导纳按泰勒公式展开为

$$Y(s) = \sum_{n=0}^{\infty} y_n s^n \qquad (4.1)$$

式中，y_n 是第 n 阶泰勒展开系数。对大多数应用而言，导纳展开到三次项就可较为准确地描述线性电路的瞬态响应[12]，即导纳可近似表示为

$$Y(s) = y_0 + y_1 s + y_2 s^2 + y_3 s^3 + O(s^4) \qquad (4.2)$$

在推导单粒子串扰的解析模型过程中，需要用到下面几个基本的导纳规则，这些规则的公式见式（4.3）～式（4.6），图示说明如图4.1所示，其中规则1和规则3源于参考文献[12]，为了说明这些规则的推导过程，下面仅对规则2的结果进行证明[3]；其他结论类似，这里不予推导。

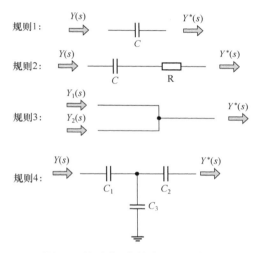

图4.1　导纳的4个基本规则示意图

规则1[12]：串联电容

$$y_0^* = 0 \ , \quad y_1^* = C \ , \quad y_2^* = -\frac{C^2}{y_0} \ , \quad y_3^* = \frac{C^2(y_1 + C)}{y_0^2} \qquad (4.3)$$

规则2：串联电容和电阻

$$y_0^* = 0 \ , \quad y_1^* = C \ , \quad y_2^* = -\frac{C^2}{p y_0} \ , \quad y_3^* = \frac{C^2(p^2 y_1 + C)}{p^2 y_0^2} \qquad (4.4)$$

式中，$p = 1/(1 + R y_0)$。

规则3[12]：并联汇集

$$y_0^* = y_{1,0} + y_{2,0} \ , \quad y_1^* = y_{1,1} + y_{2,1} \ , \quad y_2^* = y_{1,2} + y_{2,2} \ , \quad y_3^* = y_{1,3} + y_{2,3} \qquad (4.5)$$

式中，$y_{i,n}(i = 1, 2, \ n = 0, 1, 2, 3)$ 是线 i 的导纳的第 n 阶泰勒展开系数。

规则4：串联T形电容

$$y_0^* = 0 , \quad y_1^* = C_{\text{eff}} , \quad y_2^* = -\frac{C^2}{y_0} , \quad y_3^* = \frac{C^2(y_1 + kC)}{y_0^2} \qquad (4.6)$$

式中，

$$C_{\text{eff}} = \frac{C_2(C_1 + C_3)}{C_1 + C_2 + C_3} , \quad C = \frac{C_1 C_2}{C_1 + C_2 + C_3} , \quad k = 1 + C_3 / C_2$$

下面证明规则2。

证明：根据式（4.2）可得$Y(s)$和$Y^*(s)$的三次近似分别为

$$Y(s) = y_0 + y_1 s + y_2 s^2 + y_3 s^3 \qquad (4.7a)$$

$$Y^*(s) = y_0^* + y_1^* s + y_2^* s^2 + y_3^* s^3 \qquad (4.7b)$$

电容C和电阻R串联后的导纳为

$$Y_{RC}(s) = \frac{sC}{1 + sCR} \qquad (4.7c)$$

得到

$$Y^*(s) = \frac{Y(s)Y_{RC}(s)}{Y(s) + Y_{RC}(s)} \qquad (4.7d)$$

将式（4.7a）、式（4.7b）和式（4.7c）代入式（4.7d），整理得

$$[(y_0 + y_1 s + y_2 s^2 + y_3 s^3)(1 + sCR) + sC](y_0^* + y_1^* s + y_2^* s^2 + y_3^* s^3)$$
$$= (y_0 + y_1 s + y_2 s^2 + y_3 s^3)sC \qquad (4.7e)$$

由于s是变量，因此，若要式（4.7e）恒成立，则要使用等式两边s的幂次项系数相等，即

$$\begin{aligned}
&y_0^* y_0 = 0 \\
&y_0^*(y_0 CR + y_1 + C) + y_1^* y_0 = y_0 C \\
&y_0^*(y_1 CR + y_2) + y_1^*(y_0 CR + y_1 + C) + y_2^* y_0 = y_1 C \\
&y_0^*(y_2 CR + y_3) + y_1^*(y_1 CR + y_2) + y_2^*(y_0 CR + y_1 + C) + y_3^* y_0 = y_2 C
\end{aligned} \qquad (4.7f)$$

求解式（4.7f）可得式（4.4）中的结果，证毕。

4.2　两线间单粒子串扰模型

4.2.1　SET的等效电路

下面仍用双指数电流模型［见式（3.19）］表示粒子入射器件时产生的瞬态电流，参数τ_α和τ_β分别设置为250ps和10ps。参考文献[7]指出，可用等效负载电容

和电阻的并联近似代替发生SET的器件，得到节点的输出电压，如图4.2所示。

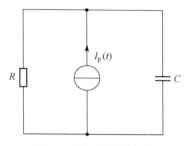

图4.2　SET的等效电路

经过差分方程计算和近似简化，可得粒子撞击点的电压为[7]

$$V(t) = \frac{I_0 \tau_\alpha R}{\tau_\alpha - RC}(\mathrm{e}^{-t/\tau_\alpha} - \mathrm{e}^{-\frac{t}{RC}}) \tag{4.8}$$

式中，$I_0 = Q/(\tau_\alpha - \tau_\beta)$。

4.2.2　模型的建立

下面采用互连线的6节点分布模型[12]来考虑两个并行反相器的单粒子串扰效应。施扰线（输入1）遭受高能粒子的入射，产生SET，假设受扰线（输入2）的输入一直处于"0"或"1"状态。为简单起见，仅考虑弱耦合效应，即不考虑受扰线对施扰线的影响，如图4.3所示。

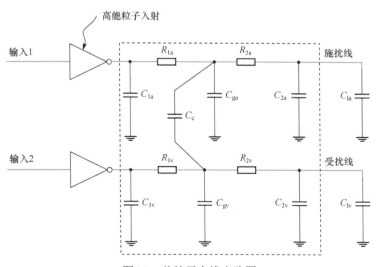

图4.3　单粒子串扰电路图

在图4.3中，对施扰线而言，R_{1a}和R_{2a}分别是施扰线左、右部分的分布电阻，C_{1a}和C_{2a}分别是施扰线左、右部分的分布电容的一半，C_{ga}是整个施扰线电容的一半，C_{la}是施扰线的负载电容。受扰线的参数和施扰线的类似。按照4.1.2节中的论述，对发生SET的器件用电流源和RC并联电路等效，对剩余的器件仅用RC的并联电路等效，简化并联后的电容，得到等效后的电路图如图4.4(a)所示。

在图4.4(a)中，R_a, R_v, C_a, C_v分别是施扰线和受扰线的驱动等效电阻和电容，$C_{La} = C_a + C_{1a}$，$C_{Lv} = C_v + C_{1v}$，$C_{Ra} = C_{2a} + C_{la}$，$C_{Rv} = C_{2v} + C_{lv}$。为方便求解，将图4.4(a)中的电路重新整理为图4.4(b)所示的电路，参数不变。

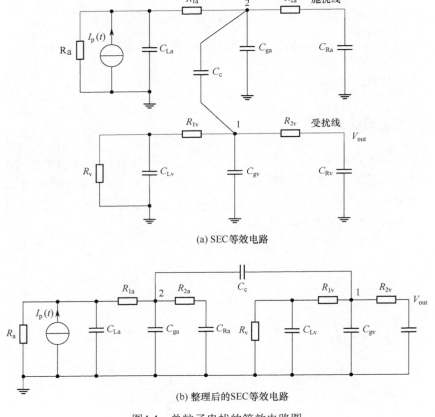

(a) SEC等效电路

(b) 整理后的SEC等效电路

图4.4　单粒子串扰的等效电路图

首先计算受扰线节点1的导纳。因为节点1经过π形电容网络影响施扰线，根据上面的导纳规则，只需计算一阶泰勒展开系数就可得到串联π形电容网络中节点2的导纳。由规则2可知，忽略电阻的影响后，电阻和电容的串联可等效为电容。根据规则1、规则2和规则3，可计算得到节点1的导纳为

$$Y_1(s) = \frac{1}{R_v + R_{1v}} + \left[\left(\frac{R_v}{R_v + R_{1v}} \right)^2 C_{Lv} + C_{gv} + C_{Rv} \right] s + O(s^2) \qquad (4.9)$$

因此，可以采用电阻和电容的并联来等效受扰线，如图4.5所示。

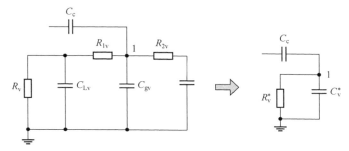

图4.5　受扰线的等效电路图

结合式（4.9），可得到图4.5中的等效电阻和电容分别为

$$R_v^* = R_v + R_{1v}$$

$$C_v^* = R_v^2 / (R_v + R_{1v})^2 C_{Lv} + C_{gv} + C_{Rv}$$

结合规则2，忽略R_{2a}，如图4.6(a)所示，$C_a^* = C_{ga} + C_{Ra}$，则由电容C_c、C_a^* 和 C_v^* 组成π形电容网络。将π形网络转换成T形网络，如图4.6(b)所示，其中C_1、C_2 和C_3的表达式为

$$C_1 = C_v^* + C_c + C_v^* C_c / C_a^* \qquad (4.10a)$$

$$C_2 = C_a^* + C_c + C_a^* C_c / C_v^* \qquad (4.10b)$$

$$C_3 = C_a^* + C_v^* + C_v^* C_a^* / C_c \qquad (4.10c)$$

根据规则1、规则3和规则4，将图4.6(b)的电路简化为图4.6(c)所示的电路，其中C^*为

$$C^* = \frac{C_2(C_1 + C_3)}{C_1 + C_2 + C_3} + C_{La} \qquad (4.11)$$

由图4.6(c)可求出节点2的电压，列写电路的节点方程：

$$C^* \frac{dV_2}{dt} + \frac{V_2}{R_a} = I_p(t) \qquad (4.12)$$

由于τ_α远大于τ_β，忽略电流中τ_β项的影响，求解式（4.12）得

$$V_2(t) = \frac{I_0 \tau_\alpha R_a}{\tau_\alpha - R_a C^*} (e^{-t/\tau_\alpha} - e^{-t/(R_a C^*)}) \qquad (4.13)$$

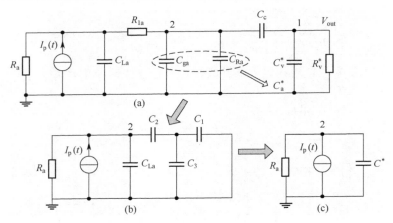

图4.6　电路的简化流程

在图4.6(a)中，为了求解输出端的电压$V_{out}(t)$，列出节点1的节点方程：

$$(C_c + C_v^*)\frac{dV_{out}}{dt} + \frac{V_{out}}{R_v^*} = C_c \frac{dV_2}{dt} \tag{4.14}$$

求解这个微分方程[3, 14]得

$$V_{out}(t) = k_1 e^{-t/\tau_\alpha} + k_2 e^{-t/b} + k_3 e^{-t/a} \tag{4.15}$$

式中，

$$a = R_v^*(C_c + C_v^*)，\qquad b = R_a C^*$$

$$k_1 = \frac{I_0 \tau_\alpha R_a}{\tau_\alpha - R_a C^*} \frac{C_c}{C_c + C_v^*} \frac{a}{a - \tau_\alpha}$$

$$k_2 = \frac{I_0 \tau_\alpha R_a}{\tau_\alpha - R_a C^*} \frac{C_c}{C_c + C_v^*} \frac{a}{b - a}$$

$$k_3 = -k_1 - k_2$$

为了得到输出电压的峰值，对式（4.15）求导并令其为零，得

$$\frac{dV_{out}}{dt} = -\frac{k_1}{\tau_\alpha} e^{-t/\tau_\alpha} - \frac{k_2}{b} e^{-t/b} - \frac{k_3}{a} e^{-t/a} = 0 \tag{4.16}$$

求解式（4.16）得到峰值时间，进而由式（4.15）求出电压峰值。然而，由于式（4.16）中包含三个指数项，该式很难求出闭式解。参考文献[10]用牛顿-拉弗森迭代法对相关方程进行求解来获得噪声峰值时间，但求解过程烦琐、复杂，实用性不强。观察$V_{out}(t)$的波形（见4.2节），发现$V_{out}(t)$有两个最值：最大值和最小值，表明式（4.16）中含有两个求解时间常数，因此用泰勒公式来求解式（4.16）。将泰勒公式

$$e^x = 1 + x + x^2/2 + O(x^3) \tag{4.17}$$

代入式（4.16）并化简，忽略高阶无穷小项后得

$$\frac{1}{2}\left(\frac{k_1}{\tau_\alpha^3} + \frac{k_2}{b^3} + \frac{k_3}{a^3}\right)t^2 - \left(\frac{k_1}{\tau_\alpha^2} + \frac{k_2}{b^2} + \frac{k_3}{a^2}\right)t + \frac{k_1}{\tau_\alpha} + \frac{k_2}{b} + \frac{k_3}{a} = 0 \tag{4.18}$$

求解二次方程式（4.18），得到峰值时间为

$$t_{\text{peak}} = \frac{n - \sqrt{n^2 - 4mc}}{2m} \tag{4.19}$$

式中，

$$m = \frac{1}{2}\left(\frac{k_1}{\tau_\alpha^3} + \frac{k_2}{b^3} + \frac{k_3}{a^3}\right), \quad n = \frac{k_1}{\tau_\alpha^2} + \frac{k_2}{b^2} + \frac{k_3}{a^2}, \quad c = \frac{k_1}{\tau_\alpha} + \frac{k_2}{b} + \frac{k_3}{a}$$

将峰值时间即式（4.19）代入式（4.15），得到峰值电压为

$$V_{\text{peak}} = k_1 e^{-t_{\text{peak}}/\tau_\alpha} + k_2 e^{-t_{\text{peak}}/b} + k_3 e^{-t_{\text{peak}}/a} \tag{4.20}$$

为了计算串扰的脉冲宽度，令式（4.15）等于零，求解该方程得到时间差。同样，利用泰勒公式，忽略高阶无穷小项后，可将式（4.15）中的指数方程简化为下面的多项式方程：

$$\frac{1}{6}\left(\frac{k_1}{\tau_\alpha^3} + \frac{k_2}{b^3} + \frac{k_3}{a^3}\right)t^3 - \frac{1}{2}\left(\frac{k_1}{\tau_\alpha^2} + \frac{k_2}{b^2} + \frac{k_3}{a^2}\right)t^2 + \left(\frac{k_1}{\tau_\alpha} + \frac{k_2}{b} + \frac{k_3}{a}\right)t = 0 \tag{4.21}$$

求解式（4.21），得到输出电压的脉冲宽度为

$$t_{\text{width}} = \frac{3n - \sqrt{18n^2 - 48mc}}{4m} \tag{4.22}$$

4.2.3　模型验证及分析

为了验证所建立的单粒子串扰解析模型的正确性，下面对不同技术节点、不同长度互连线的电路进行仿真，设置局部、中等、全局三种不同的互连线类型[15]，首先对45nm、65nm和90nm技术节点的器件进行仿真，设MOSFET的宽长比为$W/L = 2$。图4.7至图4.9给出了三种技术节点下SPICE的原始电路（见图4.3）、等效电路（见图4.4）串扰电压的输出，以及该解析模型的计算结果。

由图4.7、图4.8和图4.9可见，该解析模型与SPICE等效电路的输出基本一致，误差很小，但与原始电路的输出存在一定的误差。对同一技术节点而言，当互连线类型为全局时，等效电路和解析模型与原始电路的误差较小；当互连线类型为局部时，等效电路与原始电路的输出存在一定的误差，且该误差随技术节点

的不断缩小而变得非常显著。因此，随着器件特征尺寸的不断缩小，RC等效电路已不适合用于等效SET。要提高该解析模型的精度，就要改进SET的等效电路和近似求解方法。

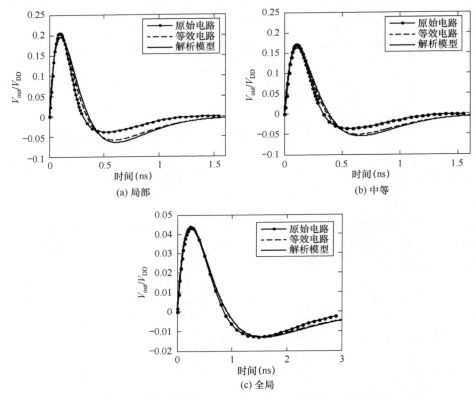

图4.7　45nm技术节点下不同互连线类型的输出电压

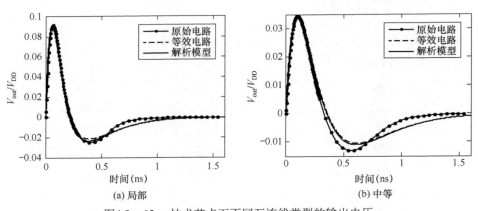

图4.8　65nm技术节点下不同互连线类型的输出电压

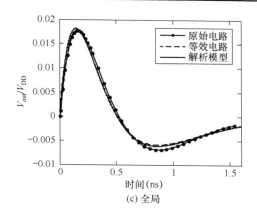

图4.8　65nm技术节点下不同互连线类型的输出电压（续）

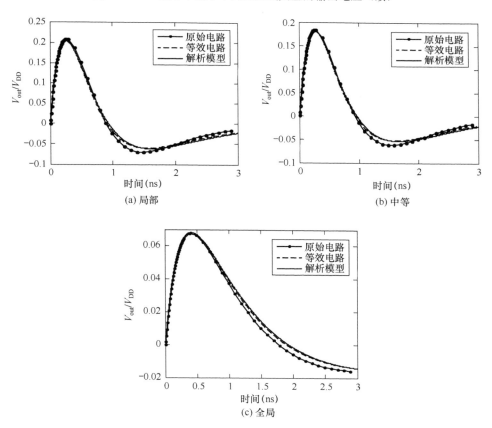

图4.9　90nm技术节点下不同互连线类型的输出电压

表4.1中给出了不同技术节点、不同互连线类型时，SPICE等效电路和解析模型的峰值预测值与原始电路相应指标的相对误差。由表4.1也可得到相同的结

论，例如，对于90nm技术节点，等效电路和解析模型关于原始电路的平均相对误差分别是0.0177%和2.26%；对于65nm技术节点，相应的指标分别是0.662%和1.578%；对于45nm技术节点，相应的指标分别是0.42%和3.72%。随着技术的不断进步，等效电路和解析模型预测串扰峰值的相对误差均呈增长趋势。

表4.1　SPICE等效电路和解析模型的峰值预测值与原始电路相应指标的相对误差

节　点	45nm		65nm		90nm	
	等效电路	解析模型	等效电路	解析模型	等效电路	解析模型
局部	0.11%	5.11%	0.005%	2.05%	0.013%	2%
中等	0.95%	4.69%	1.96%	0.11%	0.026%	1.39%
全局	0.2%	1.36%	0.021%	2.54%	0.014%	3.38%

表4.2中给出了SPICE等效电路和解析模型预测单粒子串扰电压波形的运行时间。由表4.2可见，解析模型的运行时间远低于SPICE等效电路的运行时间，其中解析模型的平均运行时间为0.0083s，而等效电路的平均运行时间高达4.6s，解析模型的平均速度较等效电路提高了约550倍。

结合表4.1和表4.2可知，与SPICE等效电路相比，虽然解析模型的结果存在一定的误差，但误差在可接受的范围内。因此，解析模型可有效地提高运行速度，而速度是大规模集成电路分析中一个很重要的影响因素。

表4.2　SPICE等效电路和解析模型预测单粒子串扰电压波形的运行时间

节　点	45nm		65nm		90nm	
	等效电路	解析模型	等效电路	解析模型	等效电路	解析模型
局部	4.68s	0.0078s	4.34s	0.0076s	4.35s	0.0090s
中等	4.43s	0.0084s	5.06s	0.0068s	5.26s	0.0095s
全局	4.70s	0.0094s	4.17s	0.0070s	4.37s	0.0096s

为了进一步验证该解析模型的统计正确性，对1000个随机生成的6节点互连线电路进行了仿真分析，随机电路的参数如下：技术节点仍为45nm、65nm和90nm，互连线类型为全局、中等和局部，互连线长度范围为100μm～3mm，累积电荷Q的范围为20～150fC。

图4.10所示为单粒子串扰峰值计算误差的柱状分布图，图4.11所示为单粒子串扰脉冲宽度计算误差的柱状分布图。

表4.3中列出单粒子串扰的峰值电压和脉冲宽度误差。对于峰值电压，比较所提出的解析模型、等效电路及参考文献[10]中模型的估计值，发现等效电路的所有估计误差都小于10%，平均相对误差为2.03%。在所提出的解析模型的估计值中，

约99.6%的仿真结果的相对误差小于10%，参考文献[10]中模型的估计值仅有89%的结果的相对误差小于10%，且平均误差为6.16%，所提出模型的平均误差仅为3.07%。由此可见，所提出的解析模型极大地提高了计算精度。

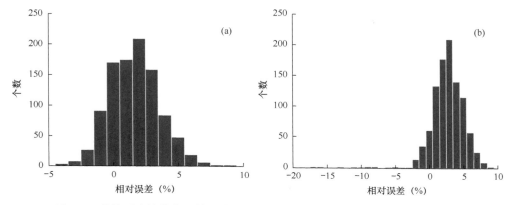

图4.10　单粒子串扰峰值计算误差的柱状分布图：(a) 等效电路；(b) 解析模型

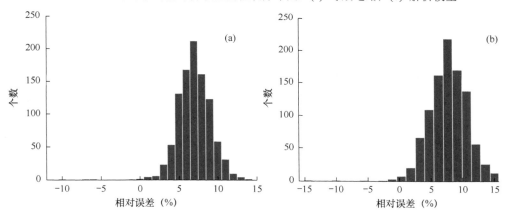

图4.11　单粒子串扰脉冲宽度计算误差的柱状分布图：(a)等效电路；(b)解析模型

表4.3　单粒子串扰的峰值电压和脉冲宽度误差

模型误差	峰值电压（V_{peak}）			脉冲宽度（t_{width}）	
	等效电路	解析模型	参考文献[10]	等效电路	解析模型
小于±5%	94.8%	85.1%	61.7%	14.6%	14.7%
小于±10%	100%	99.6%	88.6%	92.1%	73.6%
小于±15%	100%	99.8%	97.3%	100%	98.9%
平均误差	2.03%	3.07%	6.16%	7.05%	8.11%
最大误差	8.96%	17.4%	< 18%	14.05%	16.2%

对于单粒子串扰脉冲宽度估计，等效电路和解析模型分别约有92.1%、

73.6%的结果的相对误差小于10%，平均误差分别为7.05%、8.11%。可见，该解析模型是有效的。对运行时间而言，在Pentium D 2.80GHz计算机上，解析模型的运行时间范围为0.01～0.4ms，而SPICE等效电路的运行时间大于4s。可见，该解析模型明显地提高了运算速度。

下面分析该解析模型的误差源[3, 9]。误差主要来自如下几个方面：一是等效电路带来的误差，等效电路对原始电路进行RC电路等效，会引入一定的误差，而所提出的解析模型是基于等效电路推导的，因此该解析模型会继承等效电路的误差，这也是该解析模型误差的主要来源；二是导纳规则的使用，这些规则忽略了电容、电阻串联时电阻的影响，因此会带来误差；三是计算峰值和脉冲宽度所用的近似方法采用泰勒公式的二次展开进行方程求解，忽略了高阶项的影响，因此也会带来一定的误差。此外，由于该解析模型是在不考虑互连线电感效应的影响下推导的，且忽略了串联电阻的影响，因此当互连线的电感效应显著且串联电阻大到不能忽略时，该解析模型将失效或误差增加。

4.3　多线间串扰效应建模分析

现有单粒子串扰估计模型均是针对两线的，缺少多线间单粒子串扰预测的相关报道，而针对斜阶跃输入的多线（绝大部分是三线）串扰噪声研究已有一些成果。例如，Eo等[16]基于互连线等效模型提出了一种串扰模型，在该模型中，CMOS器件被简单地近似为线性器件，但这种近似并不能用于分析纳米级CMOS器件中的SEC；Kim等[17]使用符号运算，提出了一种感性效应主导的多线串扰效应的解析模型。基于对容性和感性耦合噪声的模拟，Vishnyakov等[18]提出了一种同时考虑感性和容性耦合的多线串扰模型的分析方法；Kumar等[19]利用时域有限差分（Finite Difference Time Domain，FDTD）技术构建了CMOS驱动的多线耦合串扰模型；Kumar等[20]基于无条件稳定FDTD技术分析了多壁碳纳米管互连线的串扰效应。此外，还有其他一些串扰分析方法，如傅里叶分析法、ABCD矩阵等[21-24]，然而，在这些方法中，要么电路仿真和估计模型运行时间偏长，要么模型的计算和复杂度较高、估计误差偏大。因此，迫切需要构建一种实用、简便、准确且通用的模型来估计多线间的单粒子串扰电压。

4.3.1　多线串扰的等效电路

下面以m条反相器链并行布局为例，提取互连线电容、电阻参数，将互连线

分为 n 段，采用互连线的分布式RC模型[25-26]得到原始电路，如图4.12所示。对于纳米CMOS工艺，图4.12中的互连线参数可由下式得到：

$$R = \frac{\rho}{wt} \tag{4.23a}$$

$$C_{\mathrm{c}} = \varepsilon \left[1.14 \left(\frac{t}{s} \right) \left(\frac{h}{h+2.06s} \right)^{0.09} + 0.74 \left(\frac{w}{w+1.59s} \right)^{1.14} + \right.$$
$$\left. 1.16 \left(\frac{w}{w+1.87s} \right)^{0.16} \left(\frac{h}{h+0.98s} \right)^{1.18} \right] \tag{4.23b}$$

$$C_{\mathrm{g}} = \varepsilon \left[\frac{w}{h} + 2.22 \left(\frac{s}{s+0.7h} \right)^{3.19} + 1.17 \left(\frac{s}{s+1.51h} \right)^{0.76} \left(\frac{t}{t+4.53h} \right)^{0.12} \right] \tag{4.23c}$$

$$n \geqslant 10 \left(\frac{l}{t_{\mathrm{r}} V} \right) \tag{4.23d}$$

式中，ρ 是互连线材料的电阻率，l, w, t 分别是互连线的长度、宽度和厚度，s 是相邻互连线的间距，h 是线到地的高度，ε 是 SiO_2 的介电常数，V 是电磁波在介质中的传播速度，t_{r} 是上升（下降）时间，模型中的寄生参数根据分段数 n 按比例计算。

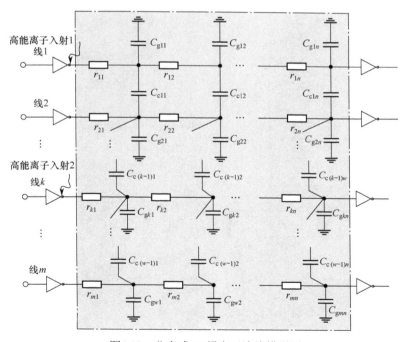

图4.12　分布式RC耦合互连线模型图

　　根据信号传播时延近似原则，利用式（4.24）对原始电路进行等效，得到等效集总式互连线耦合电路[25]，如图4.13所示：

$$R_i = \sum_{j=1}^{n} r_{ij} / \sqrt{2} \qquad (4.24a)$$

$$C_i = \sum_{j=1}^{n} C_{gij} / \sqrt{2} \qquad (4.24b)$$

$$C_{ci} = \sum_{j=1}^{n} C_{cij} \qquad (4.24c)$$

式中，r_{ij}, C_{gij}分别是第i条互连线第j段的电阻和对地电容，C_{cij}是第i条和第$i+1$条互连线间的第j段的耦合电容，R_i，C_i和C_{ci}分别是等效后的第i条互连线的集总电阻、电容和耦合电容。

　　将每条互连线输出端的反相器用负载电容进行等效，输入端用电阻和电容的并联网络等效，在粒子撞击节点注入等效的双指数电流源，其他导线的输入源不变。假设有2条施扰线和1条受扰线，其他导线处于静止状态（"0"或"1"），其中线k、线1同时发生SET，线h为受扰线，得到单粒子多线串扰的等效电路，如图4.14所示。

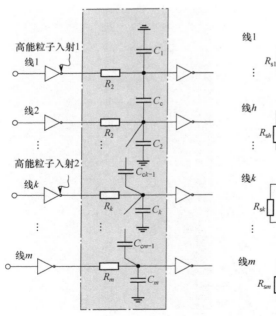

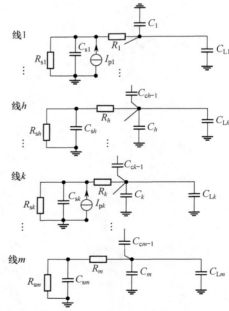

图4.13　等效集总式RC耦合互连线模型图　　　　图4.14　多线串扰的等效电路图

4.3.2 三线串扰的估算

首先计算三线系统的SEC[26]。假设线1和线3发生SET，线2为受扰线，其电路图重新安排，如图4.15所示。

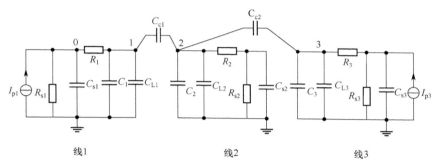

图4.15 三线SEC等效电路图

利用叠加定理，分别计算线1、线3单独作用下线2的SEC电压，通过线性叠加得到最终的SEC扰动电压。首先计算线1单独作用时对应的SEC电压。利用前面的导纳规则[3]，可得所有节点的导纳分别为

$$Y_3(s) = p_1/R_{s3} + (p_1^2 C_{s3} + C_{L3} + C_3)s - p_1^3 R_3 C_{s3}^2 s^2 + p_1^4 R_3^2 C_{s3}^3 s^3 \tag{4.25a}$$

$$Y_2(s) = p_2/R_{s2} + (C_{c2} + p_2^2 C_{s2} + C_{L2} + C_2)s - (C_{c2}R_{s3}/p_1 + p_2^3 R_2 C_{s2}^2)s^2 + \left[\frac{C_{c2}^2(p_1^2 C_{s3} + C_{L3} + C_3 + C_{c2})}{(p_1/R_{s3})^2} + p_2^4 R_2^2 C_{s2}^3 \right]s^3 \tag{4.25b}$$

$$Y_1(s) = (C_{c1} + C_{L1} + C_1)s - \frac{C_{c1}^2}{p_2/R_{s2}}s^2 + \frac{C_{c1}^2(p_2^2 C_{s2} + C_{L2} + C_2 + C_{c2})}{(p_2/R_{s2})^2}s^3 \tag{4.25c}$$

$$Y_0(s) = 1/R_{s1} + C_{\text{eff}}s - \left[\frac{C_{c1}^2}{p_2/R_{s2}} + R_1(C_{\text{eff}} - C_{s1}) \right]s^2 + \left[\begin{array}{l} \dfrac{C_{c1}^2(p_2^2 C_{s2} + C_{L2} + C_2 + C_{c2})}{(p_2/R_{s2})^2} + \\ 2R_1(C_{\text{eff}} - C_{s1})\dfrac{C_{c1}^2}{p_2/R_{s2}} + R_1^2(C_{\text{eff}} - C_{s1})^3 \end{array} \right]s^3 \tag{4.25d}$$

式中，

$$p_1 = \frac{1}{1 + R_3/R_{s3}}, \quad p_2 = \frac{1}{1 + R_2/R_{s2}}, \quad C_{\text{eff}} = C_{c1} + C_{L1} + C_1 + C_{s1}$$

根据$Y_0(s)$，图4.15可简化为图4.16(a)，利用节点分析法得到节点0的电压为

$$V_0(s) = \frac{R_{s1}}{1 + sR_{s1}C_{eff}} I_{p1}(s) \qquad (4.26)$$

为了计算受扰线的串扰电压（节点2的电压），根据$Y_2(s)$，将图4.15简化为图4.16(b)，其中$R_2^* = R_{s2}/p_2$，$C_2^* = C_{c2} + p_2^2 C_{s2} + C_{L2} + C_2$。由此，得到节点2的输出电压为

$$V_2^1(s) = \frac{sR_2^* C_{c1}}{1 + sR_2^*(C_2^* + C_{c1})} V_1(s) = \frac{sR_2^* C_{c1}}{1 + a_1 s + a_2 s^2} V_0(s) \qquad (4.27)$$

式中，

$$C_1^* = C_1 + C_{L1}$$

$$a_1 = R_2^*(C_2^* + C_{c1}) + R_1(C_{c1} + C_1^*)$$

$$a_2 = R_2^* R_1 (C_1^* C_2^* + C_1^* C_{c1} + C_{c1} C_2^*)$$

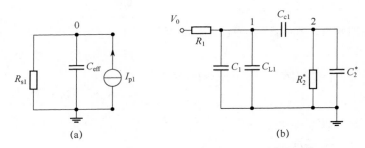

图4.16　简化电路：(a) 节点0的输出；(b) 节点2的输出

将式（4.26）代入式（4.27）得

$$V_2^1(s) = \frac{sR_2^* C_{c1}}{1 + a_1 s + a_2 s^2} \frac{R_{s1}}{1 + sR_{s1}C_{eff}} I_{p1}(s) \qquad (4.28)$$

同理，得到线3作为施扰线单独作用下受扰线的输出电压为

$$V_2^3(s) = \frac{sR_2^* C_{c2}}{1 + b_1 s + b_2 s^2} \frac{R_{s3}}{1 + sR_{s3}C_{eff3}} I_{p3}(s) \qquad (4.29)$$

式中，

$$C_2^* = C_{c1} + p_2^2 C_{s2} + C_{L2} + C_2$$

$$C_3^* = C_1 + C_{L1}$$

$$C_{eff3} = C_{c2} + C_{L3} + C_3 + C_{s3}$$

$$b_1 = R_2^*(C_2^* + C_{c2}) + R_2^*(C_{c2} + C_3^*)$$

$$b_2 = R_2^* R_2^* (C_3^* C_2^* + C_3^* C_{c2} + C_2^* C_{c2})$$

经过叠加，最终得到受扰线的SEC电压为

$$V_{3\text{-SEC}}(s) = V_2^1(s) + V_2^3(s) \tag{4.30}$$

由于τ_β远小于τ_α，因此SEC电压为

$$\begin{aligned} V_{3\text{-SEC}}(t) = {} & k_{11}e^{-t/\tau_{\alpha 1}} + k_{12}e^{-t/(R_{s1}C_{\text{eff}})} + k_{13}e^{-t/\lambda_1} + k_{14}e^{-t/\lambda_2} + \\ & k_{31}e^{-t/\tau_{\alpha 3}} + k_{32}e^{-t/(R_{s3}C_{\text{eff3}})} + k_{33}e^{-t/\lambda_3} + k_{34}e^{-t/\lambda_4} \end{aligned} \tag{4.31}$$

式中，λ_1, λ_2和λ_3, λ_4分别是式（4.28）与式（4.29）中二次方分母对应的根。

4.3.3　多线串扰的预测

下面给出的SEC解析模型是根据图4.14得到的，但该模型也适用于其他情况。利用叠加定理，首先估算施扰线k单独作用时受扰线对应的串扰电压[27]，对应的等效电路如图4.17所示。

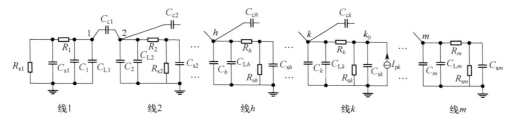

图4.17　多线SEC等效电路图

利用导纳规则分别从线1和线m向施扰线k计算各节点的导纳。施扰线是通过耦合电容与其他线相连的，结合导纳规则1，只需计算导纳的一次项就可得到施扰线的导纳。依据上面定义的4个导纳规则分别计算各节点的导纳如下：

$$\begin{cases} Y_1(s) = p_1/R_{s1} + (p_1^2 C_{s1} + C_{L1} + C_1)s + O(s^2), & p_1 = \dfrac{1}{1 + R_1/R_{s1}} \\[2mm] Y_m(s) = p_m/R_{sm} + (p_m^2 C_{sm} + C_{Lm} + C_m)s + O(s^2), & p_m = \dfrac{1}{1 + R_m/R_{sm}} \\[2mm] Y_i(s) = p_i/R_{si} + (p_i^2 C_{si} + C_{Li} + C_i + C_{ci-1})s + O(s^2), & p_i = \dfrac{1}{1 + R_i/R_{si}} \\[2mm] Y_j(s) = p_j/R_{sj} + (p_j^2 C_{sj} + C_{Lj} + C_j + C_{cj})s + O(s^2), & p_j = \dfrac{1}{1 + R_j/R_{sj}} \end{cases} \tag{4.32}$$

式中，$i = 2, 3, \cdots, k-1$，$j = k+1, \cdots, m-1$。

综合节点$k-1$和$k+1$的导纳，根据导纳规则可得施扰线近端点的导纳为

$$Y_{k0}(s) = 1/R_{sk} + (C_{sk} + C_{Lk} + C_k + C_{ck-1} + C_{ck})s + O(s^2) \tag{4.33}$$

利用电阻、电容并联网络等效电路，基于欧姆定律，计算得到施扰线近端的电压为

$$V_{k0}(s) = \frac{R_{sk}}{1 + sC_k^{eff} R_{sk}} I_{pk}(s) \tag{4.34}$$

式中，$C_k^{eff} = C_{sk} + C_{Lk} + C_k + C_{ck-1} + C_{ck}$。

根据节点 $k-1$ 和 $k+1$ 的导纳，分别利用电阻、电容并联网络对两个节点进行等效，所得电路如图4.18所示：

$$R_{k-1}^{ef} = R_{sk-1}/p_{k-1}$$

$$C_{k-1}^{ef} = p_{k-1}^2 C_{sk-1} + C_{Lk-1} + C_{k-1} + C_{ck-2}$$

$$R_{k+1}^{ef} = R_{sk+1}/p_{k+1}$$

$$C_{k+1}^{ef} = p_{k+1}^2 C_{sk+1} + C_{Lk+1} + C_{k+1} + C_{ck+1}$$

根据电压分配规律，可得施扰线远端的电压为

$$V_k(s) = \frac{1 + b_1 s + b_2 s^2}{1 + a_1 s + a_2 s^2 + a_3 s^3} V_{k0}(s) \tag{4.35}$$

式中，

$$C_k^* = C_k + C_{Lk}$$

$$b_1 = (C_{k-1}^{ef} + C_{ck-1})R_{k-1}^{ef} + (C_k^{ef} + C_{ck})R_k^{ef}$$

$$b_2 = (C_{k-1}^{ef} + C_{ck-1})(C_k^{ef} + C_{ck})R_{k-1}^{ef} R_k^{ef}$$

$$a_1 = R_k(C_k^* + C_{ck} + C_{ck-1}) + b_1$$

$$a_2 = R_k C_{ck-1}[C_{k-1}^{ef} R_{k-1}^{ef} + (C_k^{ef} + C_{ck})R_k^{ef}] +$$
$$\quad R_k C_k^* b_1 + R_k C_{ck}[R_k^{ef} C_k^{ef} + (C_{k-1}^{ef} + C_{ck-1})R_{k-1}^{ef}] + b_2$$

$$a_3 = R_k C_{ck-1} C_{k-1}^{ef} R_{k-1}^{ef}(C_k^{ef} + C_{ck})R_k^{ef} + R_k C_k^* b_2 + R_k C_{ck} R_k^{ef} C_k^{ef}(C_{k-1}^{ef} + C_{ck-1})R_{k-1}^{ef}$$

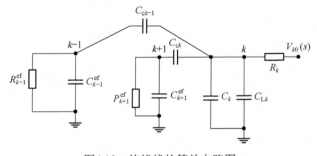

图4.18　施扰线的等效电路图

从施扰线开始，依次计算与受扰线间耦合线的远端电压：

$$V_i(s) = \frac{sR_i^{\text{ef}}C_{ci}}{1 + sR_i^{\text{ef}}(C_{ci} + C_i^{\text{ef}})}V_{i+1}(s), \quad i = 1, 2, \cdots, k-1 \quad (4.36a)$$

$$V_j(s) = \frac{sR_j^{\text{ef}}C_{cj-1}}{1 + sR_j^{\text{ef}}(C_{cj-1} + C_j^{\text{ef}})}V_{j-1}(s), \quad j = k+1, \cdots, m \quad (4.36b)$$

式中，

$$R_i^{\text{ef}} = R_{si}/p_i$$
$$C_i^{\text{ef}} = p_i^2 C_{si} + C_{Li} + C_i + C_{ci-1}$$
$$R_j^{\text{ef}} = R_{sj}/p_j$$
$$C_j^{\text{ef}} = p_j^2 C_{sj} + C_{Lj} + C_j + C_{cj}$$

根据受扰线距施扰线的远近程度，结合二者之间的耦合线远端电压，可得受扰线远端电压为

$$V_h(s) = \begin{cases} \displaystyle\prod_{i=h}^{k-1} \frac{sR_i^{\text{ef}}C_{ci}}{1 + sR_i^{\text{ef}}(C_{ci} + C_i^{\text{ef}})}V_k(s), & h < k \\ \displaystyle\prod_{i=k+1}^{h} \frac{sR_j^{\text{ef}}C_{cj-1}}{1 + sR_j^{\text{ef}}(C_{cj-1} + C_j^{\text{ef}})}V_k(s), & h > k \end{cases} \quad (4.37)$$

重复上述步骤，计算各施扰线单独作用下受扰线的响应电压，接着进行线性叠加，得到受扰线远端的综合单粒子串扰电压，然后进行拉普拉斯逆变换，得到单粒子串扰电压的时域表达式 $V_c(t)$。

类似地，可计算出SEC峰值电压和脉冲宽度。

4.3.4　验证与分析

为了验证模型的有效性，这里给出了解析模型和SPICE得到的波形，如图4.19所示。参数设置如下：互连线数量为3，工艺为32nm，长度为500μm，每条互连线分割成30段，线1和线3为施扰线，线2为受扰线，负载电容为0.5fF，驱动反相器的等效电阻和电容分别为14.5kΩ和8fF、20kΩ和1fF、10kΩ和5fF；瞬态电流参数为 τ_α = 250ps和 τ_β = 10ps；线1、线3的累积电荷分别是14.4fC和9.6fC。结果显示，估算得到的SEC波形与SPICE输出吻合较好。

下面分别分析16nm、22nm、32nm和45nm下3线和5线系统中不同互连线长度对SEC的影响。假设中间线为受扰线，线1和最后一条线为施扰线，互连线类型是全局的，互连线的参数来自ITRS-2013，结果如图4.20所示。

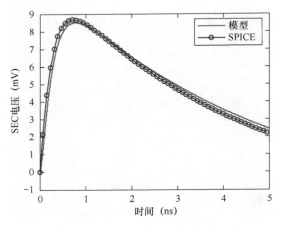

图 4.19　解析模型和 SPICE 的 SEC 波形输出

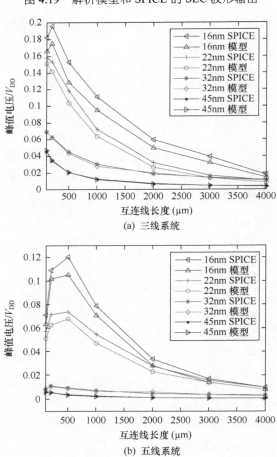

(a) 三线系统

(b) 五线系统

图4.20　SEC峰值电压

可见，该解析模型得到的SEC峰值电压与SPICE得到的结果基本一致。随着技术节点的不断缩小，SEC越来越严重，尤其是互连线长度较小时（小于1000μm）。模型与SPICE的相对误差随着技术节点的缩小呈增加趋势。随着互连线长度的增加，SEC峰值电压逐渐降低，且峰值电压在16nm和22nm技术节点的下降率要大于32nm和45nm技术节点的下降率。在16nm和22nm技术节点下，SEC峰值呈先增后减的趋势，原因可能是在16nm和22nm技术节点下，互连线的电阻和电容足够大。通过改变参数，式（4.27）的分母可能达到最小值，即峰值电压达到最大值；然而，对于32nm和45nm技术节点，互连线的电阻和电容远小于驱动反相器的电阻和电容，表明随着互连线长度的增加，电阻和电容也增加，导致峰值电压减小。

这里对三线系统的1000个随机实例进行了测试，假设线2为受扰线，其他线为施扰线。参数设置如下：每条互连线的电阻在区间[10Ω, 10kΩ]上均匀分布，电容和耦合电容分别在区间[10fF, 5000fF]和区间[10fF, 3000fF]上均匀分布，每条互连线分割成30段，累积电荷在区间[24fC, 200fC]上均匀分布。

图4.21给出了1000个随机实例的SEC峰值电压估算误差直方图。可见，在大多数情况下，相对误差小于20%。表4.4给出了峰值误差的统计情况。对SEC峰值电压估算而言，约85.4%的实例的误差小于10%，平均误差为5.52%；约95%的测试实例的误差小于15%。

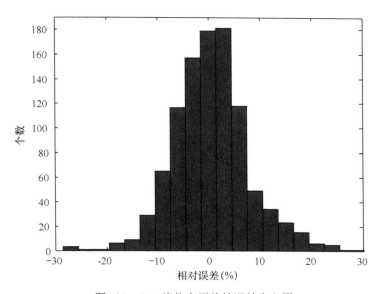

图4.21　SEC峰值电压估算误差直方图

表4.4　1000个测试实例的峰值误差统计结果

模型误差	串扰峰值电压
小于5%	55.8%
小于10%	85.4%
小于15%	94.6%
平均误差	5.52%
最大误差	28.7%

4.4　本章小结

随着技术的不断发展，SET对集成电路的高可靠性造成严重威胁，且互连线串扰效应的影响日益突出，使得设计者在电路设计早期必须考虑这些效应的影响。本章介绍了一种准确、有效预测两线间和多线间单粒子串扰波形的解析模型，对纳米技术节点、不同类型互连线的电路进行了仿真及误差统计分析，探讨了误差来源，分析了SET传播的特性，总结了每种遮掩效应的估计模型和方法。

参 考 文 献

[1] Mitrovi M, Hofbauer M, Voss K O, et al. *Experimental investigation of the joint influence of reduced supply voltage and charge sharing on single-event transient waveforms in 65-nm triple-well CMOS* [J]. IEEE Trans. Nucl. Sci., 2018, 65(8): 1908-1913.

[2] 张凤，周婉婷. 基于互连线延时的SET脉冲宽度评估模型[J]. 微电子学，2018, 48(5):677-681.

[3] 刘保军. 纳电子器件及电路在单粒子效应下的可靠性研究[D]. 西安：空军工程大学，2013.

[4] Wirth G I, Vieira M G, Neto E H, et al. *Modeling the sensitivity of CMOS circuits to radiation induced single event transients* [J]. Microelectr. Reliab., 2008, 48: 29-36.

[5] Narasimham B, Bhuva B L, Holman W T, et al. *The effect of negative feedback on single event transient propagation in digital circuits* [J]. IEEE Trans. Nucl. Sci., 2006, 53(6): 3285-3290.

[6] Wirth G, Kastensmidt F L, Ribeiro I. *Single event transients in logic circuits-load and propagation induced pulse broadening* [J]. IEEE Trans. Nucl. Sci., 2008, 55(6): 2928-2935.

[7] Castet J F, Saleh J H. *Beyond reliability, multi-state failure analysis of satellite subsystems: a statistical approach* [J]. Reliab. Eng. Syst. Safety, 2010, 95: 311-322.

[8] Liu B J, Cai L, Yang X, et al. *The impact of Miller and coupling effects on single event transient in logical circuits* [J]. Microelectr. J., 2012, 43(1): 63-68.

[9] Liu B J, Cai L, Zhu J. *Accurate analytical model for single event(SE) crosstalk* [J]. IEEE Trans. Nucl. Sci., 2012, 59(4): 1621-1627.

[10] Sayil S, Boorla V K, Reddula S R. *Modeling single event crosstalk in nanometer technologies* [J]. IEEE Trans. Nucl. Sci., 2011, 58(5): 2493-2502.

[11] Sayil S, Akkur A, GaspardIII N. *Single event crosstalk shielding for CMOS logic* [J]. Microelectr. J., 2009, 40: 1000-1006.

[12] Li D, David B, Pinaki M. *Accurate crosstalk noise modeling for early signal integrity analysis* [J]. IEEE Trans. Comput.-Aided Des. Integ. Cir. Syst., 2003, 22(5): 627-634.

[13] Kaushik B K, Sarkar S. *Crosstalk analysis for a CMOS gate driven inductively and capacitively coupled interconnects* [J]. Microelectr. J., 2008, 39: 1834-1842.

[14] Balasubramanian A, Amusan O A, Bhuva B L, et al. *Measurement and analysis of interconnect crosstalk due to single events in a 90 nm CMOS technology* [J]. IEEE Trans. Nucl. Sci., 2008, 55(4): 2079-2084.

[15] Nanoscale Integration and Modeling (NIMO) Group. *Predictive technology model*, 2012.

[16] Eo Y, Eisenstadt W R, Jeong J Y, et al. *A new on-chip interconnect crosstalk model and experimental verification for CMOS VLSI circuit design* [J]. IEEE Trans. Electron Devic., 2000, 47(1): 129-140.

[17] Kim T, Eo Y. *Analytical CAD models for the signal transients and crosstalk noise of inductance-effect-prominent multicoupled RLC interconnect lines* [J]. IEEE Trans. Computer-Aided Des. Integ. Circ. Sys., 2008, 27(7): 1214-1227.

[18] Vishnyakov V, Friedman E G, Kolodny A. *Multi-aggressor capacitive and inductive coupling noise modeling and mitigation* [J]. Microelectr. J., 2012, 43: 235-243.

[19] Kumar V R, Kaushik B K, Patnaik A. *An accurate model for dynamic crosstalk analysis of CMOS gate driven on-chip interconnects using FDTD method* [J]. Microelectr. J., 2014, 45: 441-448.

[20] Kumar M G, Chandel R, Agrawal Y. *An efficient crosstalk model for coupled multiwalled carbon nanotube interconnects* [J]. IEEE Trans. Electromag. Compat., 2018, 60(2): 487-496.

[21] Chen G, Friedman E G. *An RLC interconnect model based on Fourier analysis* [J]. IEEE Trans. Computer-Aided Des. Integ. Circ. Sys., 2005, 24(2): 170-183.

[22] Roy S, Dounavis A. *Efficient delay and crosstalk modeling of RLC interconnects using delay algebraic equations* [J]. IEEE Trans. VLSI Sys., 2011, 19(2): 342-346.

[23] Pable S D, Hasan Mohd. *Ultra-low-power signaling challenges for subthreshold global interconnects* [J]. Integrat., VLSI J., 2012, 45: 186-196.

[24] Sahoo M, Ghosal P, Rahaman H. *Modeling and analysis of crosstalk induced effects in multiwalled carbon nanotube bundle interconnects: an ABCD parameter-based approach* [J]. IEEE Trans. Nanotechnol., 2015, 14: 259-274.

[25] Agarwal K, Sylvester D, Blaauw D. *Modeling and analysis of crosstalk noise in coupled RLC interconnects* [J]. IEEE Trans. Computer-Aided Des. Integ. Circ. Sys., 2006, 25(5): 892-901.

[26] Liu B J, Wei B, Zhang S, et al. *Modeling and analysis single event crosstalk modeling in multi-lines system* [C]. IEEE 4th Advanced Inform. Tech., Electron. Autom. Control Conf., 2019,

ChengDu, SiChuan, 1928-1932.

[27] Liu B J, Li C, Chen M H. *An analytical model of crosstalk for nanometer CMOS circuits with single event transient* [C]. IEEE 6th Advanced Inform. Tech., Electron. Autom. Control Conf., 2022, BeiJing, 689-693.

第5章　串扰效应下的单粒子瞬态传播特性及分布式模型

当高能粒子（如α粒子）入射到器件的敏感区时，会累积能量，诱发单粒子瞬态（Single Event Transient，SET）[1-3]。若SET传播到触发器或存储单元，就会诱发软错误。因此，SET已成为纳米CMOS工艺重点关注的效应[3-5]。

由于先进技术的不断进步，互连线间的间隔宽度比变小、厚度宽度比增加，导致互连线间的耦合效应增强[5-7]。随着器件特征尺寸的缩小，由于互连线间的串扰效应，SET在电路中传播时，可能会影响其他非电气关联路径，进而增加电路的SET易受攻击部分和SET的敏感性[6-7]。因此，在电路芯片设计流水线和信号完整性分析的早期阶段，必须考虑脉冲信号的传播特性及互连线间串扰效应的影响[5-6, 8-9]。针对SET的传播特性分析及对SEC的预测已成为非常重要的研究内容。SET在逻辑电路中传播时，受到三种遮掩效应的影响。对串扰噪声的预测，人们目前提出了一些分析技术和方法[5-6, 8-18]，如时域有限差分法、ABCD矩阵法等。但这些方法存在运行时间长、所需内存大或预测准确度不高等缺点，尽管SPICE可以给出非常准确的结果，但计算代价较高。

随着CMOS器件特征尺寸进入超深亚微米尺度，寄生电感开始对串扰电压起非常重要的作用[8, 10, 11, 19]；因此，在估计或预测SEC时，应该同时考虑互连线的寄生电容和电感效应。然而，已报道的SEC模型并未考虑寄生电感的影响。因此，迫切需要建立基于RLC的纳米CMOS电路的SEC预测模型。

本章首先介绍粒子LET及入射位置、沟道材料、温度和偏压对SET的传播影响，对SET传播过程中的不确定性进行量化；接着分析SET传播过程中的三种遮掩效应及等效模型，建立单粒子串扰的分布参数等效模型；然后介绍基于线元解耦法和矩阵运算的SEC估计模型，并进行验证分析。

5.1　SET的传播特性分析与建模

半导体器件工作在空间辐射环境中，高能辐射粒子会诱发器件出现单粒子效应，导致电路产生软错误或硬损伤。随着技术节点的不断缩小，SET已成为软错误的主要来源，是空间辐射环境中集成电路可靠性的主要威胁之一[4-7]。SET脉冲在逻辑电路中传播时，由于逻辑门遮掩效应的存在，脉冲会被减弱或被逻辑遮掩，导致被时序单元捕获的概率减小。逻辑门的遮掩效应包括逻辑遮掩、电气遮掩和窗口锁存遮掩[20-21]。此外，SET在传播过程中也会发生脉冲展宽效应和重汇聚效应。本节主要介绍SET的产生特性及传播过程中的遮掩效应。

5.1.1　SET的产生特性

器件特征尺寸进入深亚微米级后，具有高集成度、多功能性和强扩展性的FinFET器件可更好地控制沟道载流子输运，有望成为替代主流CMOS技术的新型器件之一[22-24]。在22nm以下，高k金属栅堆栈结构可用于FinFET器件，薄硅fin可提高FinFET器件的抗总剂量效应能力。基于TCAD，人们利用有限元分析法对FinFET器件开展了较多的辐射效应研究，分析了诸多因素对SET的影响，如量子效应、工艺差异、温度、供应电压、技术节点、粒子能量、耦合效应等[25-34]。这里主要分析粒子入射位置及fin材料对SET的影响。

1．SET的3D仿真模型

基于TCAD，构建14nm技术节点下SOI FinFET器件的3D仿真模型，如图5.1所示。模型的仿真参数包括栅极长度（L_G）、fin高度（H_{fin}）、fin宽度（W_{fin}）、等效栅氧化层厚度（t_{ox}）、源/漏区长度（$L_{S/D}$）、源/漏扩展区长度（L_{ext}）、栅极介质材料（HfO$_2$）、电极材料（TiN）、沟道掺杂浓度（N_{fin}）、源/漏区掺杂浓度（$N_{S/D}$）、源/漏扩展区浓度（N_{ext}）、衬底掺杂浓度（N_{sub}）等，如表5.1所示。

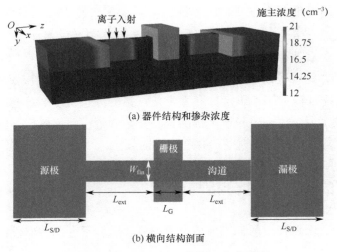

(a) 器件结构和掺杂浓度

(b) 横向结构剖面

图5.1　SOI FinFET器件的3D仿真模型

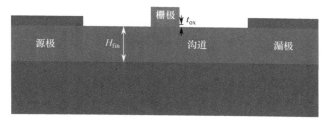

(c) 纵向结构剖面

图5.1　SOI FinFET器件的3D仿真模型（续）

表5.1　14nm n型FinFET器件的仿真参数设置

参　　数	数　　值	参　　数	数　　值	参　　数	数　　值
栅极长度	14nm	源/漏区长度	35nm	沟道掺杂浓度	$5\times10^{15}\mathrm{cm}^{-3}$
fin高度	18nm	源/漏扩展区长度	33nm	源/漏掺杂浓度	$1\times10^{21}\mathrm{cm}^{-3}$
fin宽度	10nm	栅极介质材料	$\mathrm{HfO_2}$	源/漏扩展区浓度	$8\times10^{19}\mathrm{cm}^{-3}$
等效栅氧化层厚度	0.5Å	电极材料	TiN	衬底掺杂浓度	$1\times10^{15}\mathrm{cm}^{-3}$

　　所用的物理模型主要包括：与掺杂浓度和高k栅介质相关的迁移率退化模型、飞利浦标准化迁移率模型、高电场饱和模型、能带隙和电子亲和性模型、玻姆量子势（Bohm Quantum Potential，BQP）模型、SRH（Shockley-Read-Hall）和Auger重组模型、费米统计模型及重离子辐射模型。

　　首先对所构建的仿真模型进行电学特性校准。将器件源极接地，分别设置漏极电压（V_{DS}）为0.05V和0.8V，使栅极电压（V_{GS}）从0V变化到0.8V，测量器件漏极电流（I_{DS}），得到的I-V 特性曲线如图5.2所示，并与实验数据进行比较，发现仿真结果与实验数据[35]基本一致，表明所构建的模型是可行的。

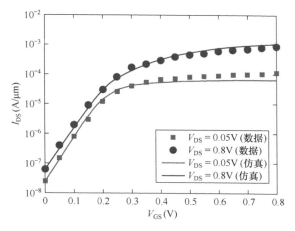

图5.2　I-V 特性曲线对比

2．粒子LET和入射位置的影响

如图5.1所示，假设高能粒子垂直入射器件表面，其特征半径为10nm，特征时间为0.5ps，延迟时间为4ps，运行时间设为1ns。

首先分析粒子入射位置对器件SET的敏感性影响。这里设置三种不同入射位置，粒子的LET均是5MeV·cm²/mg，结果如图5.3所示。

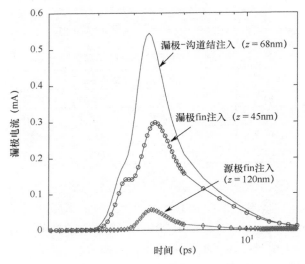

图5.3　不同入射位置的SET电流脉冲

高能粒子入射形成的电子–空穴对，在漂移的作用下被漏极收集并达到峰值，然后在扩散的作用下，漏极继续收集电荷，形成瞬态电流。随着入射位置从源极向漏极移动，SET脉冲电流的幅值及脉宽均增大，且当粒子入射fin栅–漏结时，瞬态电流最大。这意味着对FinFET而言，漏极到栅极间的fin区域对SET更敏感。对于漏极撞击，由于粒子入射位置接近漏极，当高能粒子入射材料时，会产生大量的电子–空穴对，并在漂移的作用下向漏极收集，导致瞬态电流呈上升趋势；同时，漏极区域具有较高的复合率，会快速复合漂移而来的电子，使得瞬态电流出现短暂的平台保持现象。随着漂移电子的不断增加，瞬态持续增加到峰值，然后在扩散的作用下形成图5.3所示的电流脉冲。

SET的电流峰值、收集电荷和累积电荷随入射位置的变化情况如图5.4所示，同时计算了双极放大系数。由图可见，累积电荷在栅极fin处最小，且向源极和漏极两端增加；收集电荷呈"帽"状，在栅–漏结处最大，在源漏两端最小；电流峰值与收集电荷类似。由于源/漏区域的体积较大，收集电荷低于累积电荷，表明存在较低的双极放大效应，且累积电荷的电子–空穴对复合率较高。

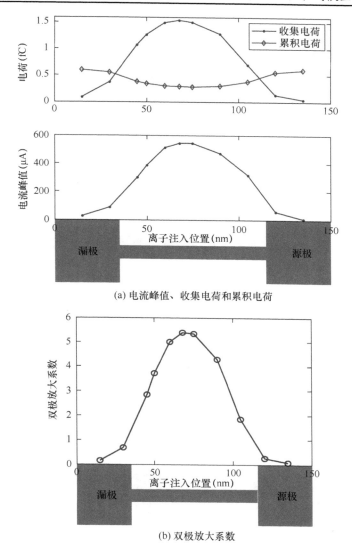

(a) 电流峰值、收集电荷和累积电荷

(b) 双极放大系数

图5.4　SET电流随粒子入射位置的变化情况

　　为了深入分析双极放大效应，对比分析了三种不同入射位置电子-空穴对的产生及复合情况，结果如图5.5所示。图中，SEU产生率表示高能粒子入射器件敏感区时，电子-空穴对的碰撞电离率。三种入射位置分别是漏极（$z = 15nm$）、漏-栅结（$z = 68nm$）、源极（$z = 135nm$）。

　　由图可见，当粒子入射漏-栅结时，粒子撞击导致的SEU产生率最大［见图5.5(a)］，表明此处产生的电荷最多。然而，当粒子入射漏-栅结时，电子-空穴对的复合率最小［见图5.5(b)］，表明产生的电荷更易被收集，导致较大的收集电荷量。

令LET在3MeV·cm²/mg至100MeV·cm²/mg变化，分析LET对FinFET器件的瞬态电流和电荷的影响，结果如图5.6所示。

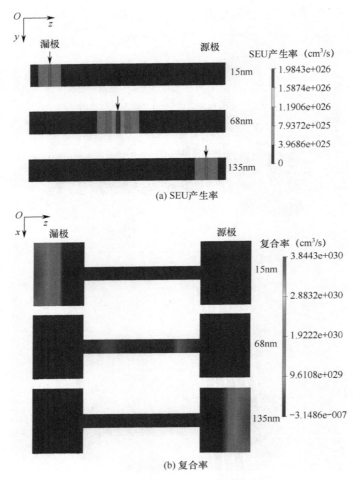

图5.5　粒子三种入射位置对应的电子−空穴对浓度

由图可见，随着LET的增加，电流峰值和瞬态脉冲宽度均呈增加趋势。当LET大于50MeV·cm²/mg时，随着LET的增加，尽管峰值电流增加，但脉冲宽度变化不大。当LET从3MeV·cm²/mg增至100MeV·cm²/mg时，电流峰值从0.24mA增至4.33mA，显著高于45nm技术节点以上的FinFET器件的SET[36]。当LET为50MeV·cm²/mg时，45nm技术节点的器件的电流峰值和收集电荷分别是0.159mA和1.3476fC；然而，在14nm技术节点下，对应的电流峰值和收集电荷分别是2.801mA和3.422fC。可见，随着技术节点的缩减，FinFET对SET的敏感性增强。

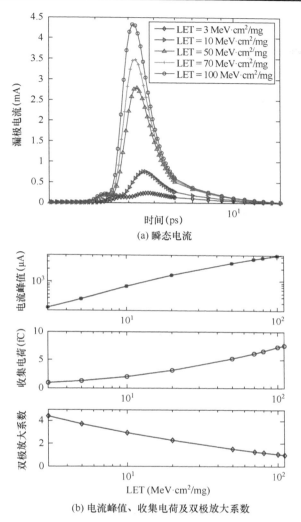

(a) 瞬态电流

(b) 电流峰值、收集电荷及双极放大系数

图5.6　LET对FinFET器件的瞬态电流和电荷的影响

　　尽管FinFET器件的敏感区显著减小，但14nm技术节点下FinFET SRAM的SET临界电荷及LET阈值，均远小于65nm技术节点下CMOS SRAM的SET临界电荷及LET阈值[37]。14nm FinFET SRAM的临界电荷和LET阈值分别是0.05fC和0.1MeV·cm²/mg，而65nm CMOS SRAM的临界电荷和LET阈值分别是1fC和0.22MeV·cm²/mg。可见，与CMOS SRAM相比，尽管FinFET SRAM的LET阈值相对减少了54.5%，但其临界电荷却相对减少了95%。随着LET的增加，收集电荷增加，双极放大系数减小。当LET较小时，收集电荷高于累积电荷，双极放大效应较强；当LET较大时，收集电荷低于累积电荷，双极放大效应较弱。原因是

高LET时电场崩塌，导致沟道电势变化，进而减弱寄生双极放大效应的影响[38]。

为了进一步理解沟道内部电场的放大效应，图5.7给出了不同时刻器件内部电势及电场强度的分布情况。

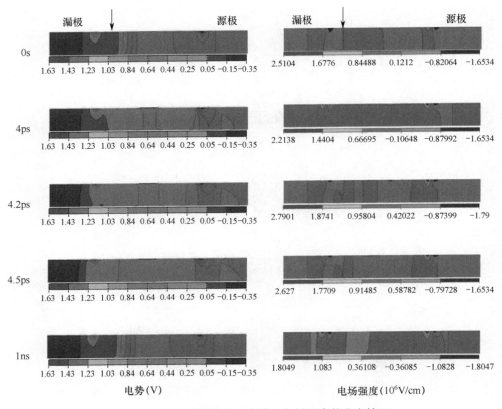

图5.7   不同时刻器件内部电势及电场强度的分布情况

由图可见，在高能粒子入射的瞬间（$t=4\text{ps}$），器件内部的电势明显增大；当 $t=1\text{ns}$ 时，电势重新恢复到初始状态。对器件内部沿 z 轴的电场强度而言，当粒子入射时，电场强度也呈先增后减的趋势，但与电势分布略有不同——电场强度在 $t=1\text{ns}$ 时并未恢复到初始状态，而呈现出明显下降趋势，最大值相对下降28%，出现了上述的坍塌现象。

接下来分析了仿真器件尺寸对双极放大系数的影响。结构表明，随着栅极长度的减小，或者栅厚度的增加，或者fin高度的增加，或者fin宽度的增加，双极放大系数均呈增加趋势，但由于栅极长度或栅厚度的变化对累积电荷值影响不大，它们的变化对双极放大系数的影响不显著。例如，栅极长度相对减小17%时，双极放大系数仅相对增加1.08%；栅厚度相对增加20%时，双极放大系数仅相对增加0.13%。fin高度或宽度的变化不仅影响收集电荷，也会显著影响累积电荷：当fin高度相对减小11%时，双极放大系数相对减小14.98%；当fin宽度相对增加20%时，双极放大系数相对增加4.42%。

3．fin材料的影响

SiC作为继Si和GaAs之后的第三代半导体材料，具有高击穿电场、高载流子饱和漂移速度和高热导率等优点[39]。SiC材料的宽禁带和高原子临界位移能，使得其电子器件具有较强的抗电磁波冲击和抗辐射破坏能力，特别是SiC基功率MOSFET器件，表现出了良好的抗单粒子栅穿（Single Event Gate Rupture，SEGR）和单粒子烧毁（Single Event Burnout，SEB）性能。刘忠永等[39-40]研究了晶圆各向性、超结合半超结、高k栅介质及电荷失配等对功率MOSFET的SEB和SEGR的影响，发现4H-SiC材料的抗SEB和抗SEGR综合性能更优；Lu等[41]分析了几种缓冲层结构对SiC功率MOSFET器件的SEE的影响，研究了重离子撞击后的瞬态响应机理；于庆奎等[42]研究了SiC高压功率MOSFET和二极管的SEE的敏感性，辐照实验表明，重离子会使得SiC功率器件内部产生永久损伤，引起漏电流增加，甚至烧毁；Mcpherson等[43]通过重离子输运物理分析和建模，直观地展示了SiC功率器件的能量沉积和电荷产生过程；Akturk等[44]研究了Si基和SiC基功率器件的中子诱导单粒子失效机理，发现与Si相比，SiC由中子诱导的失效率较低，但暴露在类地面谱的中子环境中会出现灾难性失效；张鸿等[45-46]开展了SiC功率MOSFET的SEB辐照实验和TCAD仿真，发现器件外延层的电场强度越大，重离子受电场作用在外延层运动的路径越长，沉积能量越多；尚也淳[47]认为，由于SiC的禁带宽度比Si的禁带宽度高2～3倍，即产生一个电子–空穴对所需的能量更高，会使得SiC器件抗SEE的能力比Si强。

虽然国内外针对SiC功率MOSFET器件的SEE开展了一些研究，但关于SiC基FinFET器件的SET效应目前鲜有报道。因此，学界开展了SiC基FinFET器件电荷收集机理和瞬态电流产生机制的研究，这对新型先进器件在恶劣辐射环境中高可靠性的应用具有重要的理论意义和价值。

4H-SiC材料的参数如表5.2所示。

表5.2　4H-SiC材料的参数

仿真参数	数　值	仿真参数	数　值
禁带宽度/eV	3.2	相对电介质常数	9.7
电子迁移率（300K）/（cm²/V·s）	900	饱和电子迁移率/（cm·s⁻¹）	2×10^7

　　基于TCAD，利用能量为138MeV的Cl离子[48]入射三种不同fin材料的FinFET器件[49-50]，高能粒子在Si材料中的LET为13.9MeV·cm^2/mg[48]，仿真结果如图5.8所示。

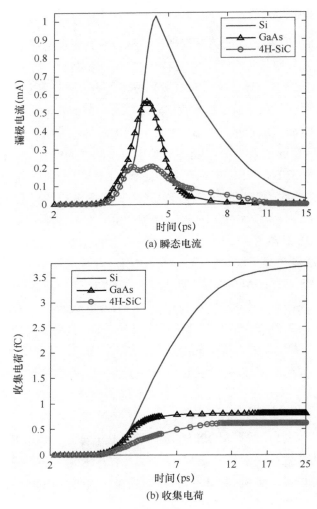

(a) 瞬态电流

(b) 收集电荷

图5.8　三种不同fin材料的瞬态电流与收集电荷

　　由图5.8可知，与Si基材料相比，GaAs和4H-SiC基FinFET的抗SET性能更好。GaAs和4H-SiC材料的瞬态电流峰值分别相对下降45.32%和79.64%，收集电荷量分别相对下降78.03%和83.35%，可见4H-SiC基器件产生的瞬态电流最弱。由于4H-SiC材料的宽禁带，离子注入产生一个电子-空穴对所需的能量要比Si和GaAs材料所需的能量高2～3倍[47]。因此，相同能量的粒子入射时，4H-SiC基器件中产生的电子-空穴对数量少，形成的瞬态电流相对也较小，且瞬态电流的形成时刻要稍晚一些。

由图5.8(b)可知，GaAs基器件的收集电荷量最先到达最大值，其次是4H-SiC和Si基器件，表明4H-SiC和Si基材料的扩散作用时间相对较长，双极放大效应较显著。Si、GaAs、4H-SiC基器件的累积电荷分别是0.895fC、1.291fC和0.479fC，可见GaAs基器件的累积电荷量最大。原因是单位长度累积的电荷量[线性电荷沉积（Linear Charge Deposit，LCD）]不仅与LET有关，而且与器件的密度、产生电子-空穴对所需的能量大小相关[51]，而GaAs材料的密度（5.32g/cm^3）相对较大，且产生电子-空穴对所需的能量与Si基的相当[47, 51]，因此，相同能量的粒子入射时，GaAs材料的LCD值相对较大，进而使得累积电荷量较大。

图5.9和图5.10给出了不同材料、不同时刻对应器件的电势分布和复合率变化情况。由图5.9可知，在粒子入射瞬间（$t = 4$ps），三种材料器件的电势瞬时激增，特别是GaAs材料，由于LCD值较大，粒子向材料传递的能量较多，在入射区形成了电势最大值；在漂移和扩散的作用下，Si材料的电势分布显著下降，而GaAs和4H-SiC材料的电势分布变化不明显；$t = 1$ns时，三种材料的电势分布回归到初始值。由图5.10可知，高能粒子入射时，GaAs材料和4H-SiC材料的复合率比Si材料的复合率高1～2个数量级，表明当高能粒子入射产生的电子-空穴对相同时，GaAs和4H-SiC材料复合电子或空穴的速度比Si的要高数倍至数十倍。GaAs的LCD较大，粒子入射产生的电子-空穴对较多，因此其复合范围较广，跨越栅极到达了源区。

尽管4H-SiC材料的电场强度较大，使得重离子沉积的能量较多，但由于产生一个电子-空穴对所需的能量较高，且复合率较大，因此产生的SET电流较弱。虽然GaAs材料的LCD值较大，累积的电荷较多，产生的电子-空穴对较多，但其复合率较高，且复合影响范围较大，产生的SET电流较弱，双极放大效应偏弱。

设置粒子能量的LCD在范围0.01～1pC/μm内变化，得到不同的LCD时，Si基和4H-SiC基FinFET器件的SET分别如图5.11和图5.12所示。

随着LCD的增加，两种材料的SET脉冲电流呈增强趋势，但由于粒子入射4H-SiC材料时产生一个电子-空穴对所需的能量比Si材料的高2～3倍，且4H-SiC材料的复合率高1～2个数量级，因此，对于相同的LCD时，4H-SiC基FinFET形成的SET电流峰值更小，且存在多峰现象。

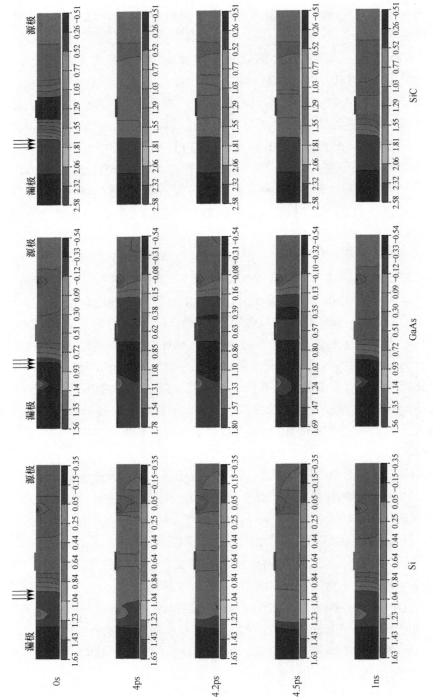

图 5.9　不同时刻对应器件的电势分布（单位：$1×10^{-16}$V）

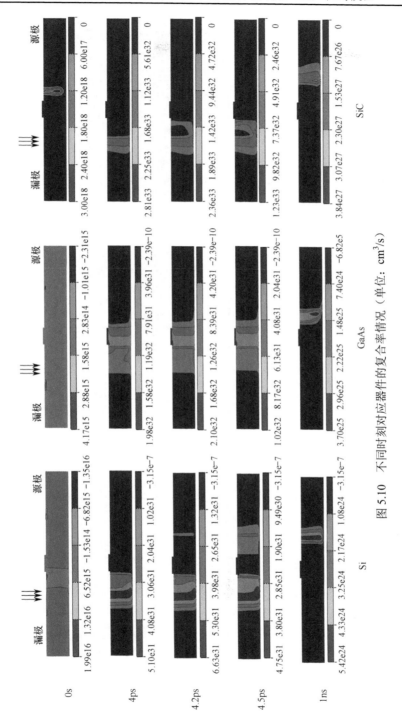

图 5.10　不同时刻对应器件的复合率情况（单位：cm^3/s）

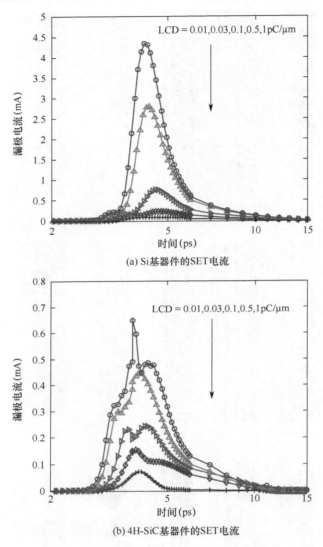

(a) Si基器件的SET电流

(b) 4H-SiC基器件的SET电流

图5.11 不同材料在不同LCD时的SET脉冲电流

图5.13给出了不同LCD、不同时刻的电场强度沿fin轴向的分布情况。由图可知，当LCD为0.01pC/μm时，电场强度随粒子入射呈现先增后减的趋势，此时形成的瞬态脉冲电流只有一个峰值；当LCD增大到某个定值时，电场强度在粒子入射的瞬间骤增，且基本处于保持状态。因此，当LCD较大时，SET电流出现多个峰值，究其原因，第一个峰值可能是漂移作用产生的，而第二个峰值则是在扩散作用下，4H-SiC器件内部电场较强导致快速收集电荷形成的。同时，SET脉冲宽度也有所增加。

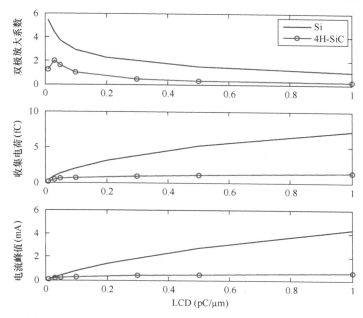

图5.12 不同材料的SET电流峰值、收集电荷和双极放大系数

随着LCD的增加，Si器件的SET电流峰值近似呈线性增加趋势，但由于存在多个峰值，4H-SiC器件的瞬态峰值增加缓慢，与Si器件的差值呈指数增加；对收集电荷量而言，两种材料的基本趋势一致，均随着LCD的增加而增加，且4H-SiC器件与Si器件的差值呈指数增加；Si材料的双极放大系数远高于4H-SiC材料的双极放大系数，当粒子能量较小时，器件的双极放大效应更显著。两种器件的双极放大系数均随着LCD的增加而减小，表明它们收集电荷量的增加率比累积电荷的小。

因此，与Si材料相比，粒子入射4H-SiC基FinFET器件所形成的瞬态电流峰值更低，收集电荷量更少，双极放大系数更小。因此，4H-SiC材料具有更好的抗SET性能，为先进器件抗辐射加固设计提供了技术参考。

4．温度和偏压的影响

环境温度会对器件的许多参数产生影响，如载流子迁移率、碰撞电离率、双极放大系数等[52-53]。研究表明，与传统MOSFET的温度效应不同，体硅FinFET器件的抗SET性能随着温度的升高呈增加趋势[54]。此外，由技术节点缩小导致的工作电压降低，也对SET的电荷收集过程产生影响[55-56]。因此，开展温度和偏压对SiC FinFET器件的SET的影响机理研究，对集成电路设计和抗辐射加固研究具有非常重要的理论意义和应用价值。

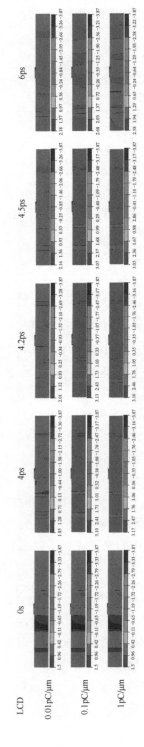

图 5.13　不同 LCD、不同时刻的电场强度沿 fin 轴向的分布情况（单位：$10^6\,\mathrm{V/cm}$）

　　高能粒子经4ps时延后，垂直入射器件源栅中间的fin敏感区，粒子的特征半径为10nm，特征时间为0.5ps，LCD为0.05pC/μm，环境温度为300K，偏压为0.8V，仿真运行时间设为1ns。

　　设置不同的偏压，得到4H-SiC FinFET器件的瞬态电流和收集电荷情况，如图5.14所示。

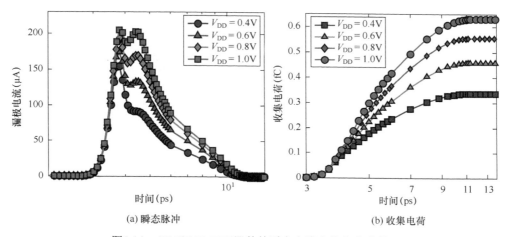

(a) 瞬态脉冲　　　　　　　　　　(b) 收集电荷

图5.14　4H-SiC FinFET器件的瞬态电流和收集电荷情况

　　可见，随着偏压的增加，SET电流呈增加趋势，且双峰现象更显著，这与SiC MOSFET在激光脉冲辐照时出现多敏感位置[48]的结论一致，说明构建的SiC FinFET器件模型是可行的。

　　下面探讨瞬态电流出现多峰现象的原因。根据"漏斗"模型理论，当高能粒子入射半导体材料时，在粒子入射路径附近产生大量的电子-空穴对，在漂移-扩散的作用下形成瞬态电流。对于4H-SiC材料，瞬态电流的第一个峰值是由电子-空穴对在漂移的作用下形成的，在扩散过程中，由于4H-SiC器件内部存在较强的电场，快速收集电荷形成了第二个峰值[57]。当偏压较低（0.4V）时，器件内部电场较弱，不足以快速收集电荷形成峰值；而当偏压升高时，较强的电场可快速收集电荷产生第二个峰值。图5.14(b)显示了不同偏压时收集电荷与入射时间的关系，可见偏压越高，电荷收集率越大。

　　设置环境温度变化范围为258K～398K，偏压为0.8V，得到不同温度下的瞬态脉冲电流及收集电荷如图5.15所示。

　　与MOSFET不同，FinFET存在反温度效应，即器件的驱动电流随着温度的升高而增加；器件的驱动电流越大，对累积电荷的消耗扩散越快[58]，导致高能粒子入射产生的电子-空穴对数量减少，形成的SET减弱。因此，温度升高使

FinFET器件的驱动电流增加，形成的SET减弱，进而提高器件的抗SET免疫性。因此，当温度从258K增至398K时，所产生的SET呈减弱趋势，且它们的电荷收集率基本接近，高温下的电荷收集率较低，因此未形成第二个峰值。

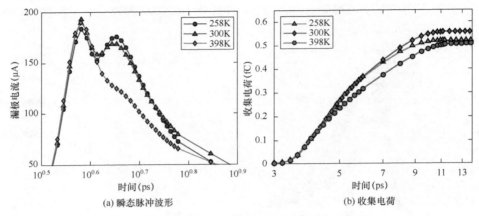

(a) 瞬态脉冲波形　　　　　　　(b) 收集电荷

图5.15　不同环境温度下的瞬态脉冲电流及收集电荷

设置不同温度、不同偏压时，得到器件的SET瞬态电流如图5.16所示。

由图可见，随着偏压的增加，器件内部电场增强，器件对高能粒子电离产生的电子–空穴对的收集能力增强，收集电荷的速率提高，导致产生较强的SET瞬态电流，表明偏压的增加会导致器件对SET的敏感性增强。当温度为300K时，偏压从0.4V增至1V，SET的峰值电流、脉冲宽度、收集电荷和双极放大系数分别增大了自身的32.39%、4.15%、87.26%和87.26%。由于偏压或温度对累积电荷量的影响几乎很小，因此双极放大系数仅与收集电荷正相关。然而，随着温度的增加，由于费米能级的变化和带隙的减小，器件的阈值电压降低，使得器件的驱动电流增大，因此提高了器件对SET的免疫性，诱发了较弱的脉冲电流。因此，在增加温度和偏压的过程中，存在电场增强引起快速收集电荷与驱动电流增大引起抑制电荷收集的相互竞争现象。

当温度较低（小于300K）时，由偏压形成的电场占主导；当温度较高（大于300K）时，由高温引起的驱动电流增加占主导。与温度300K/偏压0.8V的SET相比，峰值电流和收集电荷量为258K/0.4V、258K/1.0V、398K/0.4V、398K/1.0V时的相对变化分别是−21.71%/−38.48%、7.43%/5.08%、−22.77%/−50.83%和2.32%/−0.78%。可见，温度越高、偏压越小，产生的SET越弱；温度越低、偏压越大，产生的SET越强。因此，针对空间辐射环境应用，可根据工作环境温度和所需器件电学性能的需求，在高温环境使偏压尽可能低，或在偏压一定时调整工作温度，提高器件的抗辐射加固能力。

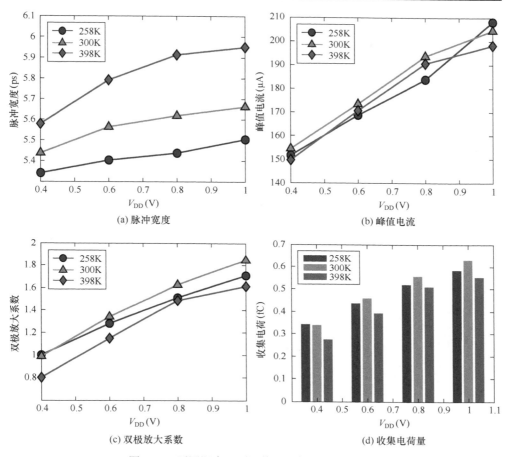

(a) 脉冲宽度　　　　　　　　　　(b) 峰值电流

(c) 双极放大系数　　　　　　　　(d) 收集电荷量

图 5.16　不同温度、不同偏压下的 SET 瞬态电流

5.1.2　SET的不确定性量化

SET会受到诸多因素的影响。例如，器件的收集电荷量、电路的负载、逻辑门的遮掩效应、互连线间的串扰效应等，均会影响SET脉冲。由于自然或人为原因，这些因素给SET的产生和传播带来了不确定性，使得电路出现的脉冲宽度不再是单一值，即使入射粒子的能量一样，电路得到的SET脉冲宽度也可能不一样，脉冲宽度呈现一定的概率分布。因此，建立SET的不确定性量化（Uncertainty Quantification，UQ）模型对电路的设计和实际应用更有价值。

在图4.2所示的SET等效电路图中，除了用双指数电流源来模拟能量粒子撞击，也用下式来模拟：

$$I_P(t,Q) = \frac{2Q}{\tau\sqrt{\pi}}\sqrt{\frac{t}{\tau}}\,e^{\frac{-t}{\tau}} \tag{5.1}$$

式中，τ是与电荷累积相关的时间常数；Q表示收集电荷量，其值主要依赖于粒子的入射位置、入射方向、LET等。这些因素是随机的，因此Q是不确定的，即它不再是具体值，而是分布在一定的范围内。不失一般性，设Q服从均匀分布。

基于图4.2，可得撞击节点的SET电压为

$$C\frac{\mathrm{d}V(t,Q)}{\mathrm{d}t} + \frac{V(t,Q)}{R} = I_P(t,Q)，\ Q\in[Q_{\min},Q_{\max}] \tag{5.2}$$

由于存在随机变量Q，为得到节点的SET电压，这里引入广义混沌多项式（generalized Polynomial Chaos，gPC）[59]来求解上述微分方程。由于随机变量Q服从均匀分布，这里选用勒让德（Legendre）正交多项式来逼近$V(t,Q)$[60-61]，并用截断序列来表示：

$$V(t,Q)\approx V_N(t,Q) = \sum_{i=0}^{M}\hat{v}_i(t)\Phi_i(Q) \tag{5.3}$$

式中，$\{\Phi_i\}_{i=0}^{N}$是Legendre正交多项式，$\hat{v}_i(t)$是待定时间函数，M是多项式的最高阶数。将式（5.1）和式（5.3）代入式（5.2），得

$$C\sum_{i=0}^{N}\frac{\mathrm{d}\hat{v}_i(t)}{\mathrm{d}t}\Phi_i(Q) + \sum_{i=0}^{N}\frac{\hat{v}_i(t)\Phi_i(Q)}{R} = \frac{2Q}{\tau\sqrt{\pi}}\sqrt{\frac{t}{\tau}}\,e^{\frac{-t}{\tau}} \tag{5.4}$$

基于随机伽辽金法（Stochastic Galerkin Method，SGM）[59-61]，可得

$$\mathrm{E}\left\{\left[C\sum_{i=0}^{M}\frac{\mathrm{d}\hat{v}_i(t)}{\mathrm{d}t}\Phi_i(Q) + \sum_{i=0}^{M}\frac{\hat{v}_i(t)\Phi_i(Q)}{R}\right]\Phi_k(Q)\right\}$$
$$= \mathrm{E}\left[\frac{2Q}{\tau\sqrt{\pi}}\sqrt{\frac{t}{\tau}}\,e^{\frac{-t}{\tau}}\Phi_k(Q)\right],\ k=0,1,2,\cdots,M \tag{5.5}$$

式中，$\mathrm{E}\{\cdot\}$是期望算子。由于$\Phi_1(Q)=Q$，利用gPC的正交性，由式（5.5）得

$$C\frac{\mathrm{d}\hat{v}_1(t)}{\mathrm{d}t} + \frac{\hat{v}_1(t)}{R} = \frac{2}{\tau\sqrt{\pi}}\sqrt{\frac{t}{\tau}}\exp\left(-\frac{t}{\tau}\right),\ \hat{v}_i(t)=0，i=0,2,3,\cdots,N \tag{5.6}$$

求解上式得

$$\hat{v}_1(t) = k\,e^{\frac{-t}{RC}} + e^{\frac{-t}{RC}}\frac{2}{C\tau\sqrt{\pi}}\int\sqrt{\frac{t}{\tau}}\,e^{\left(\frac{1}{RC}-\frac{1}{\tau}\right)t}\,\mathrm{d}t \tag{5.7}$$

式中，k是常数。

式（5.7）中包含非线性积分项，且很难求得精确解析式，因此下面用Hermite正交多项式来化简。首先，用Hermite正交多项式逼近积分项，假设

$$\sqrt{\frac{t}{\tau}}\, e^{\left(\frac{1}{RC}-\frac{1}{\tau}\right)t} \approx \sum_{j=0}^{N} f_j H_j(t) \qquad (5.8)$$

式中，$\{H_j\}_{j=0}^{N}$ 是Hermite正交多项式项，f_j 是待定系数，N是多项式的最高阶数。对给定的N，$f_j(j=0,1,2,\cdots,N)$可通过随机配点法和最小二乘法拟合得到。

Hermite多项式具有如下特性：

$$\frac{\mathrm{d}}{\mathrm{d}t} H_n(t) = 2n H_{n-1}(t) \qquad (5.9)$$

将式（5.9）代入式（5.7）得

$$\hat{v}_1(t) = k\, e^{-\frac{t}{RC}} + \frac{e^{\frac{-t}{RC}}}{C\tau\sqrt{\pi}} \sum_{j=0}^{N} \frac{f_j}{j+1} H_{j+1}(t) \qquad (5.10)$$

联立式（5.3）、式（5.6）和式（5.10），可得SET电压为

$$V_N(t,Q) = \left[k\, e^{\frac{-t}{RC}} + \frac{e^{\frac{-t}{RC}}}{C\tau\sqrt{\pi}} \sum_{j=0}^{N} \frac{f_j}{j+1} H_{j+1}(t) \right] Q \qquad (5.11)$$

根据初始条件$V(0, Q) = 0$，即可确定k的值。

为了验证所提UQ模型的准确性，开展如下验证分析。参数设置如下：电流源的τ参数为35ps，图4.2中的等效电阻和电容分别是20kΩ和5fF。首先分析gPC阶数对式（5.8）积分结果的影响，如图5.17所示，其中"积分数据"是对式（5.8）直接数值积分的结果。

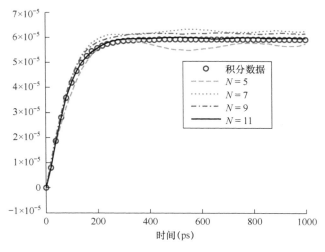

图5.17 不同阶数时，式（5.8）的积分值

　　由图可见，当阶数为11时，Hermite正交多项式的展开式与数值积分结果基本一致。因此，式（5.8）的Hermite阶数设为11。

　　当$Q = 100fC$时，对式（5.2）直接数值求解的结果和所提不确定性量化模型的结果如图5.18所示。

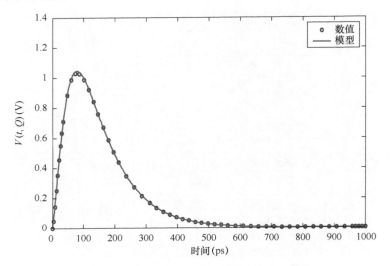

图5.18　　UQ模型和数值计算得到的SET电压

　　由图可见，所提UQ模型与数值计算结果基本一致，相对最大误差、平均误差分别为2.07%和0.14%。假设收集电荷Q在区间[10fC，200fC]上服从均匀分布，随机事件数为1000个，结果如图5.19所示。

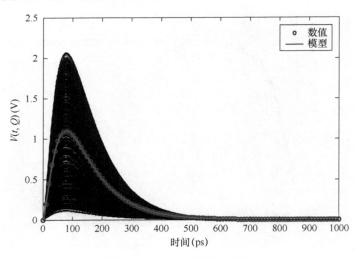

图5.19　　SET电压的统计结果

在图5.19中，随机收集电荷得到的SET电压用黑色细线表示，所有的SET电压平均值用"O"表示，UQ模型的平均值用粗线表示。由于收集电荷Q服从均匀分布，因此UQ模型的平均值为

$$E(V_N(t,Q)) = \left[k\,\mathrm{e}^{-\frac{t}{RC}} + \frac{\mathrm{e}^{-\frac{t}{RC}}}{C\tau\sqrt{\pi}} \sum_{j=0}^{N} \frac{f_j}{j+1} H_{j+1}(t) \right] \frac{Q_{\min}+Q_{\max}}{2} \tag{5.12}$$

式中，$Q_{\min}$，$Q_{\max}$分别是Q的最大值和最小值。由图5.19可知，所提UQ模型能够较好地吻合收集电荷不确定性的统计特性，表明该模型可较为准确地模拟SET脉冲。

5.1.3　逻辑遮掩效应

逻辑遮掩效应是指逻辑门的一个或多个输入因该门其他的输入而对输出没有任何影响的现象[20-21]。例如，当多输入或非门的一端发生SET时，该逻辑门的输出由其他输入端（输入为"1"的端）决定，则SET不会从该逻辑门输出，发生逻辑遮掩，如图5.20所示。

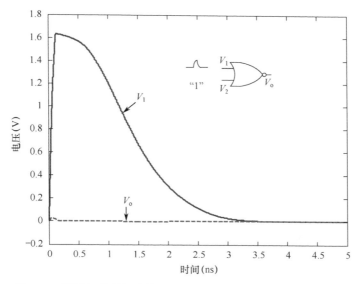

图5.20　逻辑门的逻辑遮掩（SET发生在或非门的一个输入端）

分析逻辑遮掩效应的方法有基于经验得到逻辑遮掩系数、错误传播概率（Error Propagation Probability，EPP）、基于布尔差分的符合分析法、不同抽象级建模等[20]。

5.1.4 电气遮掩效应

由于寄生电阻、电容的作用，当瞬态脉冲通过逻辑门时，只有具有足够宽度和幅值的SET脉冲才能不衰减地向后传播，否则会发生电气遮掩，削弱瞬态脉冲。为了解析表达逻辑门输出与输入脉冲的关系，提出如下模型[20]：

$$W_o = \begin{cases} 0, & D \leqslant T_p \\ \left(\dfrac{D-T_p}{c}\right)^k, & T_p < D < 2T_p \\ aD+b, & D \geqslant 2T_p \end{cases} \quad (5.13)$$

式中，W_o是输出脉冲宽度，D是输入脉冲宽度，T_p是逻辑门的传输延迟，a, b, c和k是常数。

为了验证模型的准确性，当非门发生SET时，对所提模型的计算结果和SPICE仿真的结果进行比较，如图5.21所示。从图中可以看出，所提模型的计算结果与SPICE仿真的结果基本一致。

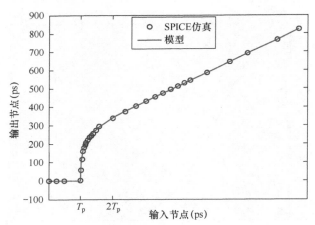

图5.21　模型计算结果和SPICE仿真结果的比较

除了上述电气遮掩的解析模型，为了量化SET在传播过程中的不确定性，基于未确知理论，建立了电气遮掩效应的概率模型，给出了逻辑门的SET脉冲宽度和概率的输入-输出关系。假设SET电压脉冲宽度服从如下分布：

$$F_D(x) = \begin{cases} 0, & x < x_1 \\ \alpha_1 + \cdots + \alpha_i, & x_i \leqslant x \leqslant x_{i+1}, i=1,2,\cdots,T-1 \\ \alpha, & x > x_T \end{cases} \quad (5.14)$$

式中，x 是脉冲宽度，$x \in [x_1, x_T]$，$x_1 < x_2 < \cdots < x_T$；α_i $(i = 1, 2, \cdots, T)$ 是脉冲宽度 x_i 对应的概率，α 是总概率，且 $\alpha = \sum_{i=1}^{T} \alpha_i$，$0 < \alpha \leqslant 1$。

逻辑门的输出系数代表脉冲被展宽或减弱。当该系数大于 1 时，脉冲被展宽；当该系数小于 1 时，脉冲被减弱。假设该系数服从相似的分布：

$$F_S(k) = \begin{cases} 0, & k_1 < k \\ \beta_1 + \cdots + \beta_j, & k_j \leqslant k \leqslant k_{j+1}, j = 1, 2, \cdots, J-1 \\ \beta, & k > k_J \end{cases} \quad （5.15）$$

式中，k_j，β_j $(j = 1, 2, \cdots, J)$ 和 β $(0 < \beta = \sum_{j=1}^{J} \beta_j \leqslant 1)$ 分别是系数值、对应的概率和总概率。基于未确知理论[62-63]，计算所有可能的输出脉冲宽度和对应的置信区间得

$$\begin{cases} y_l = x_i k_j \\ \gamma_l = \alpha_i \beta_j \end{cases} \quad （5.16）$$

式中，$l = 1, 2, \cdots, TJ$，$i = 1, 2, \cdots, T$；$j = 1, 2, \cdots, J$。

对计算的输出脉冲宽度进行排序，即 $y'_1 \leqslant y'_2 \leqslant \cdots \leqslant y'_{T*J}$；对每个 y'_l 和给定的容忍参数 ε，可得

$$y'_l = \frac{\sum\limits_{y'_\varepsilon \in [y'_l - \varepsilon, y'_l + \varepsilon]} y'_\varepsilon \gamma'_\varepsilon}{\sum \gamma'_\varepsilon}, \quad \gamma'_l = \sum \gamma'_\varepsilon \quad （5.17）$$

式中，γ'_ε 和 γ'_l 分别是输出脉冲宽度 y'_ε 和 y'_l 对应的概率。整理得输出脉冲宽度不大于 TJ。为方便起见，设 $TJ = L$，得到输出脉冲服从如下分布：

$$F_W(y') = \begin{cases} 0, & y' < y'_1 \\ \gamma'_1 + \cdots + \gamma'_l, & y'_l \leqslant y' \leqslant y'_{l+1}, \ l = 1, 2, \cdots L-1 \\ \gamma', & y' > y'_L \end{cases} \quad （5.18）$$

式中，$\gamma' = \sum_{l=1}^{L} \gamma'_l$ 且 $0 < \gamma' \leqslant 1$。

在 45nm 技术节点下，对 SET 在反相器链上的传播特性进行分析。设双指数电流源的幅值变化范围为 50～5000μA，随机事件数为 1000，得到 SET 脉冲宽度分布如图 5.22 所示。

与 SPICE 仿真的统计结果相比，由该模型得到的脉冲宽度预测误差为 2.39%，对应的概率误差为 8.22%。

　　此外，用于描述电气遮掩的模型还有临界模型、基于预设的查找表法，以及基于仿真曲线拟合和解析分析的方法等[21]。

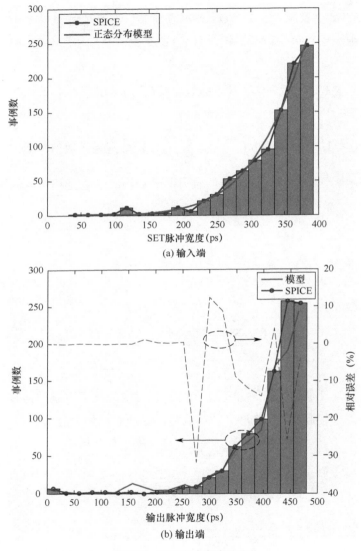

(a) 输入端

(b) 输出端

图5.22　SET脉冲宽度分布

5.1.5　窗口锁存遮掩效应

　　当瞬态脉冲传输到输出端，但未被采样时，发生窗口锁存遮掩。当下式成立时，逻辑门不产生错误[20]：

$$T_{\mathrm{H}} + \delta + \tau_0 < T_{\mathrm{S}}, \quad \forall \, \tau_0 \in \Pi \tag{5.19}$$

式中，T_{H} 是SET产生时间，δ 是SET脉冲宽度，τ_0 是脉冲时延，T_{S} 是电路输出端的采样时间，Π 是从故障逻辑门到输出端的敏感路径相关的传输延时集合。

下面以高电平采样的锁存器为例，介绍几种窗口锁存遮掩概率模型。相关的参数说明如图5.23所示，其中 T_{clk} 是锁存器的时钟周期，T_{S} 和 T_{H} 分别是锁存器的建立时间和保持时间，δ 是SET脉冲宽度，τ_0 是脉冲时延。

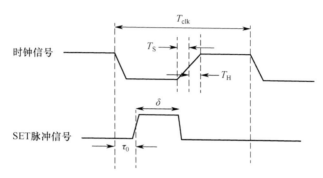

图5.23　窗口锁存遮掩效应的参数说明示意图[65]

Marculescu等提出的一种锁存遮掩概率模型为[64]

$$P_{\mathrm{LWM}} = \begin{cases} 0, & \delta < T_{\mathrm{S}} + T_{\mathrm{H}} \\ \displaystyle\sum_k \frac{\delta_k - (T_{\mathrm{S}} + T_{\mathrm{H}})}{T_{\mathrm{clk}} - \delta_{\mathrm{init}}} P(\delta = \delta_k), & \delta \geqslant T_{\mathrm{S}} + T_{\mathrm{H}} \end{cases} \tag{5.20}$$

式中，δ_k 是沿着不同敏化路径到达锁存器的脉冲宽度，δ_{init} 是SET脉冲的初始宽度，这里认为每个SET到达锁存器是相互独立的。由于该模型是机械式累加的，因此可能导致无穷大值或负值。

此外，锁存遮掩概率为[65]

$$P_{\mathrm{LWM}} = \begin{cases} 0, & \delta < T_{\mathrm{S}} + T_{\mathrm{H}} \\ \dfrac{\delta - (T_{\mathrm{S}} + T_{\mathrm{H}})}{T_{\mathrm{clk}}}, & \delta \geqslant T_{\mathrm{S}} + T_{\mathrm{H}} \end{cases} \quad 或 \quad P_{\mathrm{LWM}} = \begin{cases} \dfrac{1}{2}\dfrac{\delta + (T_{\mathrm{S}} + T_{\mathrm{H}})}{T_{\mathrm{clk}}}, & \delta < T_{\mathrm{S}} + T_{\mathrm{H}} \\ \dfrac{\delta}{T_{\mathrm{clk}}}, & \delta \geqslant T_{\mathrm{S}} + T_{\mathrm{H}} \end{cases} \tag{5.21}$$

上述锁存遮掩模型要么未考虑SET脉冲叠加，要么未考虑多时钟周期，因此不够精确。此外，随着技术节点的不断缩小和时钟频率的增加，SET脉冲宽度可能与时钟周期相当，甚至SET会持续多个时钟周期。因此，锁存遮掩概率模型也要综合考虑这些因素的影响，提出更合理、更准确的概率模型。要了解一些相关模型的详细情况，请参阅参考文献[64-65]。

5.2　SEC的分布参数等效模型

单粒子串扰的分布式耦合RLC电路图如图5.24所示。图中，参数C_c, C_g, R, M和L分别表示单位长度的耦合电容、接地电容、电阻、耦合电感和自电感[8]。电路采用反相器驱动，负载为电容。

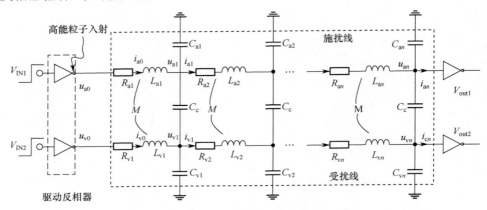

图5.24　单粒子串扰的分布式耦合RLC电路图

在纳米CMOS工艺下，图5.24中的参数R, L, M, C_c, C_g和RLC的段数n分别表示为[8, 15]

$$R = \frac{\rho l}{wt} \tag{5.22a}$$

$$L = \frac{\mu l}{2\pi}\left[\ln\frac{2l}{w+t} + \frac{1}{2} + \frac{0.22(w+t)}{l}\right] \tag{5.22b}$$

$$M = \frac{\mu l}{2\pi}\left[\ln\frac{2l}{s} - 1 + \frac{s}{l}\right] \tag{5.22c}$$

$$C_c = \varepsilon\left[1.14\left(\frac{t}{s}\right)\left(\frac{h}{h+2.06s}\right)^{0.09} + 0.74\left(\frac{w}{w+1.59s}\right)^{1.14} + \right.$$
$$\left. 1.16\left(\frac{w}{w+1.87s}\right)^{0.16}\left(\frac{h}{h+0.98s}\right)^{1.18}\right] \tag{5.22d}$$

$$C_g = \varepsilon\left[\frac{w}{h} + 2.22\left(\frac{s}{s+0.7h}\right)^{3.19} + 1.17\left(\frac{s}{s+1.51h}\right)^{0.76}\left(\frac{t}{t+4.53h}\right)^{0.12}\right] \tag{5.22e}$$

$$n \geq 10\left(\frac{x}{t_r V}\right) \qquad (5.22f)$$

式中，ρ是互连线的电阻率，l, w, t分别是互连线的长度、宽度和厚度，s是互连线间距，h是互连线与地平面的距离，μ是真空磁导率，ε是SiO_2的介电常数，x和V分别是传输线的长度和电磁波在介质中的传播速度，t_r是上升或下降时间。

这里，驱动缓冲器等效为RC并联电路，负载端用接地电容（C_{la}和C_{lv}）等效，图5.24中的原始SEC电路可等效为如图5.25所示的电路，其中，C_0（C_{v0}）表示施扰线（受扰线）驱动端的有效电容，R_t（R_s）表示施扰线（受扰线）驱动端的等效阻抗，I_s表示高能粒子入射产生的瞬态电流，仍用双指数电流模型［见式（3.19）］表示，其中τ_α和τ_β分别设为250ps和10ps。

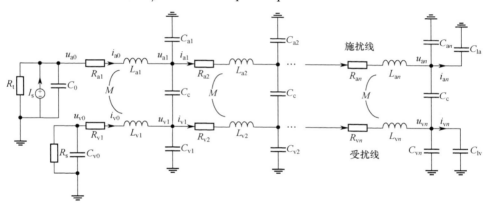

图5.25　SEC等效电路图

5.3　基于线元解耦法的SEC估计模型

下面对图5.25中互连线的任意一段线元进行研究，如图5.26所示。

根据基尔霍夫定律，可得该线元在s域中的系统方程为

$$\begin{bmatrix} U_{i1} \\ U_{i2} \\ I_{i1} \\ I_{i2} \end{bmatrix} = H \begin{bmatrix} U_{o1} \\ U_{o2} \\ I_{o1} \\ I_{o2} \end{bmatrix} = \begin{bmatrix} E & A \\ B & E \end{bmatrix} \begin{bmatrix} U_{o1} \\ U_{o2} \\ I_{o1} \\ I_{o2} \end{bmatrix} \qquad (5.23)$$

式中，U_{i1}，I_{i1}，U_{o1}，I_{o1}分别表示施扰线的近端电压、电流和远端电压、电流，U_{i2}，I_{i2}，U_{o2}，I_{o2}分别表示受扰线的近端电压、电流和远端电压、电流，E代表单位矩阵，A和B矩阵分别表示为

$$A = \begin{bmatrix} R_{a1} + sL_{a1} & sM \\ sM & R_{v1} + sL_{v1} \end{bmatrix}, \quad B = \begin{bmatrix} s(C_{a1} + C_c) & -sC_c \\ -sC_c & s(C_{v1} + C_c) \end{bmatrix}$$

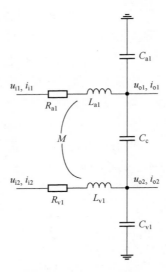

图5.26　RLC线元模型

为了对两条耦合线解耦，引入变换矩阵 T [66]：

$$T = \begin{bmatrix} 1 & 1 \\ -1 & 1 \end{bmatrix} \tag{5.24}$$

则传输矩阵 H 可表示为

$$H = \begin{bmatrix} T & 0 \\ 0 & T \end{bmatrix} \begin{bmatrix} E & A' \\ B' & E \end{bmatrix} \begin{bmatrix} T^{-1} & 0 \\ 0 & T^{-1} \end{bmatrix} \tag{5.25}$$

式中，A' 和 B' 均为对角矩阵：

$$A' = \begin{bmatrix} R_{a1} + s(L_{a1} - M) & 0 \\ 0 & R_{v1} + s(L_{v1} + M) \end{bmatrix}, \quad B' = \begin{bmatrix} s(C_{a1} + 2C_c) & 0 \\ 0 & sC_{v1} \end{bmatrix}$$

将式（5.25）代入式（5.23），可得解耦后的线元的系统方程为

$$\begin{bmatrix} U'_{i1} \\ U'_{i2} \\ I'_{i1} \\ I'_{i2} \end{bmatrix} = H' \begin{bmatrix} U'_{o1} \\ U'_{o2} \\ I'_{o1} \\ I'_{o2} \end{bmatrix} \tag{5.26}$$

式中，

$$\begin{bmatrix} U'_{i1} \\ U'_{i2} \\ I'_{i1} \\ I'_{i2} \end{bmatrix} = \begin{bmatrix} \boldsymbol{T}^{-1} & 0 \\ 0 & \boldsymbol{T}^{-1} \end{bmatrix} \begin{bmatrix} U_{i1} \\ U_{i2} \\ I_{i1} \\ I_{i2} \end{bmatrix} \quad (5.27a)$$

$$\begin{bmatrix} U'_{o1} \\ U'_{o2} \\ I'_{o1} \\ I'_{o2} \end{bmatrix} = \begin{bmatrix} \boldsymbol{T}^{-1} & 0 \\ 0 & \boldsymbol{T}^{-1} \end{bmatrix} \begin{bmatrix} U_{o1} \\ U_{o2} \\ I_{o1} \\ I_{o2} \end{bmatrix} \quad (5.27b)$$

$$\boldsymbol{H}' = \begin{bmatrix} \boldsymbol{T}^{-1} & 0 \\ 0 & \boldsymbol{T}^{-1} \end{bmatrix} \boldsymbol{H} \begin{bmatrix} \boldsymbol{T} & 0 \\ 0 & \boldsymbol{T} \end{bmatrix} \quad (5.27c)$$

根据式（5.26），可建立解耦后的RLC线元模型，如图5.27所示。

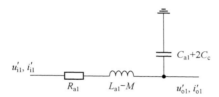

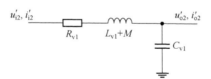

图5.27　解耦后的RLC线元模型

对图5.27中施扰线的线元进行分析，得其传输矩阵为

$$\boldsymbol{H}_1 = \begin{bmatrix} 1 & R_{a1} + s(L_{a1} - M) \\ s(C_{a1} + 2C_c) & 1 \end{bmatrix} \quad (5.28)$$

对其进行对角化处理：

$$\boldsymbol{H}_1 = \boldsymbol{D}\boldsymbol{F}\boldsymbol{D}^{-1} \quad (5.29)$$

式中，

$$\boldsymbol{D} = \begin{bmatrix} \dfrac{R_{a1} + s(L_{a1} - M)}{\sqrt{s(C_{a1} + 2C_c)(R_{a1} + s(L_{a1} - M))}} & -\dfrac{R_{a1} + s(L_{a1} - M)}{\sqrt{s(C_{a1} + 2C_c)(R_{a1} + s(L_{a1} - M))}} \\ 1 & 1 \end{bmatrix}$$

$$F = \begin{bmatrix} 1 + \sqrt{s(C_{a1} + 2C_c)(R_{a1} + s(L_{a1} - M))} & 0 \\ 0 & 1 - \sqrt{s(C_{a1} + 2C_c)(R_{a1} + s(L_{a1} - M))} \end{bmatrix}$$

对其余线元进行同样的解耦处理，并且级联各段线元后，整个RLC模型集总电路部分解耦为两条独立的互连线形式。各段线元级联后，施扰线的传输矩阵为

$$H_1^n = DF^n D^{-1} \tag{5.30}$$

考虑施扰线的边界条件，分别得到图5.25中驱动端和负载端的传输矩阵为

$$H_i = \begin{bmatrix} 1 & 0 \\ \dfrac{1}{R_t} + sC_0 & 1 \end{bmatrix} \tag{5.31}$$

$$H_o = \begin{bmatrix} 1 & 0 \\ sC_{la} & 1 \end{bmatrix} \tag{5.32}$$

将式（5.30）、式（5.31）和式（5.32）级联成解耦后的RLC互连线模型的施扰线，得到其在s域中的系统方程。最后进行拉普拉斯逆变换，得到串扰的时域表达式。

5.4　基于矩阵运算的SEC估计模型

在图5.25中，利用KCL和KVL定律，对每个RLC线元进行分析，可得

$$\begin{bmatrix} U_{an} \\ U_{vn} \\ I_{an} \\ I_{vn} \end{bmatrix} = (A_0 + sA_1 + s^2 A_2) \begin{bmatrix} U_{an-1} \\ U_{vn-1} \\ I_{an-1} \\ I_{vn-1} \end{bmatrix} \tag{5.33}$$

式中，

$$A_0 = \begin{bmatrix} 1 & 0 & -R_a & 0 \\ 0 & 1 & 0 & -R_v \\ 0 & 0 & 1 & 0 \\ 0 & 0 & 0 & 1 \end{bmatrix}$$

$$A_1 = \begin{bmatrix} 0 & 0 & -L_a & -M \\ 0 & 0 & -M & -L_v \\ -(C_a + C_c) & C_c & R_a(C_a + C_c) & -R_v C_c \\ C_c & -(C_v + C_c) & -R_a C_c & R_v(C_v + C_c) \end{bmatrix}$$

$$A_2 = \begin{bmatrix} 0 & 0 & 0 & 0 \\ 0 & 0 & 0 & 0 \\ 0 & 0 & L_a(C_a + C_c) - C_c M & (C_a + C_c) - C_c L_v \\ 0 & 0 & (C_v + C_c) - C_c L_a & L_v(C_v + C_c) - C_c M \end{bmatrix}$$

于是，得到

$$\begin{bmatrix} U_{an} \\ U_{vn} \\ I_{an} \\ I_{vn} \end{bmatrix} = (A_0 + sA_1 + s^2 A_2) \begin{bmatrix} U_{an-1} \\ U_{vn-1} \\ I_{an-1} \\ I_{vn-1} \end{bmatrix} = (A_0 + sA_1 + s^2 A_2)^2 \begin{bmatrix} U_{an-2} \\ U_{vn-2} \\ I_{an-2} \\ I_{vn-2} \end{bmatrix}$$

$$= \cdots = (A_0 + sA_1 + s^2 A_2)^n \begin{bmatrix} U_{a0} \\ U_{v0} \\ I_{a0} \\ I_{v0} \end{bmatrix} \tag{5.34}$$

在节点0和 n 处，分别应用KCL和KVL，结合式（5.34），得

$$\begin{bmatrix} 1 & 0 \\ 0 & 1 \\ sC_{la} & 0 \\ 0 & sC_{lv} \end{bmatrix} \begin{bmatrix} U_{an} \\ U_{vn} \end{bmatrix} = (A_0 + sA_1 + s^2 A_2)^n (B_0 + sB_1) \begin{bmatrix} U_{a0} \\ U_{v0} \end{bmatrix} + \begin{bmatrix} 0 \\ 0 \\ I_p \\ 0 \end{bmatrix} \tag{5.35}$$

式中，

$$B_0 = \begin{bmatrix} 1 & 0 \\ 0 & 1 \\ -1/R_t & 0 \\ 0 & -1/R_s \end{bmatrix}, \quad B_1 = \begin{bmatrix} 1 & 0 \\ 0 & 1 \\ C_0 & 0 \\ 0 & C_{v0} \end{bmatrix}$$

为便于计算，假设

$$(A_0 + sA_1 + s^2 A_2)^n = \begin{bmatrix} D_1^0 \\ D_2^0 \end{bmatrix} + s \begin{bmatrix} D_1^1 \\ D_2^1 \end{bmatrix} + \cdots + s^{2n} \begin{bmatrix} D_1^{2n} \\ D_2^{2n} \end{bmatrix} \tag{5.36}$$

式中，D_i^k $(i = 1, 2; k = 0, 1, \cdots, 2n)$ 是2×4矩阵。将式（5.36）代入式（5.35）得

$$\begin{bmatrix} U_{an} \\ U_{vn} \end{bmatrix} = (D_1^0 + sD_1^1 + \cdots + s^{2n} D_1^{2n})(B_0 + sB_1) \begin{bmatrix} U_{a0} \\ U_{v0} \end{bmatrix}$$

$$= [D_1^0 B_0 + s(D_1^0 B_1 + D_1^1 B_0) + \cdots + \tag{5.37}$$

$$s^i (D_1^{i-1} B_1 + D_1^i B_0) + \cdots + s^{2n+1} D_1^{2n} B_1] \begin{bmatrix} U_{a0} \\ U_{v0} \end{bmatrix}$$

$$sC_L \begin{bmatrix} U_{an} \\ U_{vn} \end{bmatrix} = (D_2^0 + sD_2^1 + \cdots + s^{2n}D_2^{2n})(B_0 + sB_1)\begin{bmatrix} U_{a0} \\ U_{v0} \end{bmatrix} + \begin{bmatrix} I_p \\ 0 \end{bmatrix}$$

$$= [D_2^0 B_0 + s(D_2^0 B_1 + D_2^1 B_0) + \cdots + s^i(D_2^{i-1}B_1 + D_2^i B_0) + \cdots + \quad (5.38)$$

$$s^{2n+1}D_2^{2n}B_1]\begin{bmatrix} U_{a0} \\ U_{v0} \end{bmatrix} + \begin{bmatrix} I_p \\ 0 \end{bmatrix}$$

式中，$C_L = \begin{bmatrix} C_{la} & 0 \\ 0 & C_{lv} \end{bmatrix}$。将式（5.37）代入式（5.38），得

$$(H_0 + sH_1 + \cdots + s^{2n+2}H_{2n+2})\begin{bmatrix} U_{a0} \\ U_{v0} \end{bmatrix} = \begin{bmatrix} I_p \\ 0 \end{bmatrix} \quad (5.39)$$

式中，

$$H_0 = -D_2^0 B_0$$
$$H_1 = C_L D_1^0 B_0 - D_2^0 B_1 - D_2^1 B_0$$
$$\vdots$$
$$H_i = C_L D_1^{i-2} B_1 + C_L D_1^{i-1} B_0 - D_2^{i-1} B_1 - D_2^i B_0$$
$$\vdots$$
$$H_{2n+2} = D_2^{2n} B_1$$

求解式（5.39）得

$$\begin{bmatrix} U_{a0} \\ U_{v0} \end{bmatrix} = \frac{1}{h_{11}h_{22} - h_{12}h_{21}}\begin{bmatrix} h_{22} & -h_{12} \\ -h_{21} & h_{11} \end{bmatrix}\begin{bmatrix} I_p \\ 0 \end{bmatrix} \quad (5.40)$$

式中，$h_{jk} = H_{jk}^0 + sH_{jk}^1 + \cdots + s^{2n+2}H_{jk}^{2n+2}$，$j, k = 1, 2$，$H_{jk}^i$ 是 H_i 的第 j 行、第 k 列元素。整理式（5.37）得

$$\begin{bmatrix} U_{an} \\ U_{vn} \end{bmatrix} = \begin{bmatrix} g_{11} & g_{12} \\ g_{21} & g_{22} \end{bmatrix}\begin{bmatrix} U_{a0} \\ U_{v0} \end{bmatrix} \quad (5.41)$$

式中，$g_{jk}(j, k = 1, 2)$ 是 s 的多项式函数。将式（5.40）代入式（5.41），得

$$\begin{bmatrix} U_{an} \\ U_{vn} \end{bmatrix} = \frac{1}{h_{11}h_{22} - h_{12}h_{21}}\begin{bmatrix} g_{11}h_{22} - g_{12}h_{21} & g_{12}h_{11} - g_{11}h_{12} \\ g_{21}h_{22} - g_{22}h_{21} & g_{22}h_{11} - g_{21}h_{12} \end{bmatrix}\begin{bmatrix} I_p \\ 0 \end{bmatrix} \quad (5.42)$$

因此有

$$U_{vn}(s) = \frac{g_{21}h_{22} - g_{22}h_{21}}{h_{11}h_{22} - h_{12}h_{21}}I_p(s) \quad (5.43)$$

为了得到单粒子串扰的解析表达式，同时兼顾系统稳定性和计算速度，我们选择三阶模型来表示单粒子串扰：

$$U_{vn}(s) = \frac{b_0 + b_1 s}{a_0 + a_1 s + a_2 s^2 + a_3 s^3} = \frac{r_1}{s + 1/p_1} + \frac{r_2}{s + 1/p_2} + \frac{r_3}{s + 1/p_3} \qquad (5.44)$$

取拉普拉斯逆变换，得

$$u_{vn}(t) = r_1 e^{-t/p_1} + r_2 e^{-t/p_2} + r_3 e^{-t/p_3} \qquad (5.45)$$

利用参考文献[6]中的方法，可得到单粒子串扰峰值电压和脉冲宽度。

5.5　串扰模型的验证分析

5.5.1　模型的验证

通过比较原始SPICE电路（见图5.24）和等效电路（见图5.25）的SEC结果，对基于矩阵运算得到的RLC模型进行了测试。参数设置如下：互连线类型为中等，技术节点为32nm，长度为500μm，负载电容为10fF，电流I_0的幅值为180μA。在等效电路中，施扰线和受扰线的等效电阻与电容分别为25kΩ/0.1fF和22kΩ/0.01fF。SPICE、等效电路和解析RLC模型的SEC输出波形如图5.28所示。

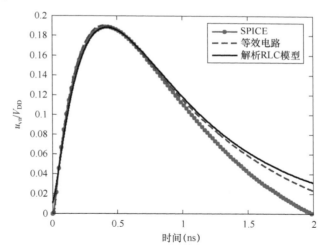

图5.28　SPICE、等效电路和解析RLC模型的SEC输出波形

由图可见，由所提解析RLC模型及等效电路得到的SEC波形，均与SPICE仿真结果具有很好的一致性，且解析模型的峰值电压和脉冲宽度更接近SPICE仿真结果。

利用该解析模型，分别对90nm、65nm、45nm、32nm及22nm技术节点下的SEC进行了测试。电路参数设置如下：晶体管的W/L为2，不同类型（包括局部、中等和全局）的互连线参数来自ITRS-2013，互连线长度分别为30μm、500μm和1500μm，互连线的RLC寄生参数由式（5.22）得到，等效电路、解析RLC模型与SPICE输出的比较结果如表5.3所示。

表5.3　等效电路、解析RLC模型与SPICE输出的比较结果

互连线类型 技术节点	等效电路				解析RLC模型			
	局部 (%)	中等 (%)	全局 (%)	平均误差 (%)	局部 (%)	中等 (%)	全局 (%)	平均误差 (%)
90nm	0.03	0.50	0.23	**0.25**	0.10	2.75	1.22	**1.36**
65nm	0.10	0.40	0.31	**0.27**	3.79	0.41	1.98	**2.06**
45nm	0.15	0.02	0.01	**0.06**	3.41	1.89	0.32	**1.87**
32nm	0.69	0.88	0.60	**0.72**	5.08	1.16	1.15	**2.46**
22nm	1.45	0.55	1.12	**1.04**	4.17	2.12	3.32	**3.20**
平均误差（%）	**0.48**	**0.47**	**0.45**	**0.47**	**3.31**	**1.67**	**1.6**	**2.19**

　　估计SEC峰值电压时，等效电路的最大相对误差为1.45%，解析模型的最大相对误差为5.08%，二者的平均误差分别为0.47%和2.19%，与参考文献[8]估计的串扰电压平均误差3.21%相比，该解析模型极大地提高了估计准确度。此外，该模型的平均误差随着互连线类型从局部到全局的变化呈减小趋势，表明当分割的RLC单元数量增加时，解析模型的准确性提高。解析模型的运算非常高效，在3.40GHz的Intel Core i7-2600计算机上运算这些测试电路，运算时间为0.05～0.3ms，而SPICE的仿真时间大于5s。

5.5.2　技术节点对SEC的影响

　　针对技术节点32nm和22nm，给出了SEC峰值电压和脉冲宽度的估计结果，如图5.29和图5.30所示。

　　结果显示，随着互连线长度的增加，由解析RLC模型和等效电路得到的串扰峰值电压减小，与SPICE仿真的结果一致。然而，当互连线长度增加时，解析模型与等效电路、SPICE估计得到的SEC脉冲宽度的相对误差增加。当技术节点从32nm缩小到22nm时，等效电路得到的SEC峰值电压和脉冲宽度的相对误差，分别从0.46%、5.65%增至0.57%、5.84%；解析模型估计的SEC峰值电压和脉冲宽度的相对误差，分别从1.59%、6.78%增至5.84%、14.38%。可见，解析模型的估计误差随着技术节点的缩小呈增长趋势。

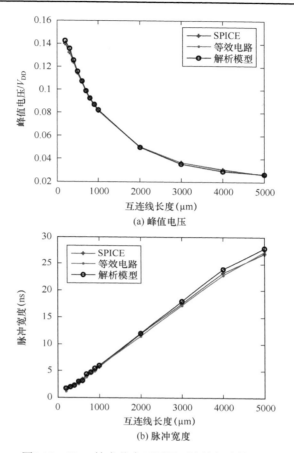

(a) 峰值电压

(b) 脉冲宽度

图5.29　32nm技术节点下不同互连线长度的SEC

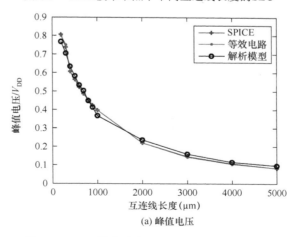

(a) 峰值电压

图5.30　22nm技术节点下不同互连线长度的SEC

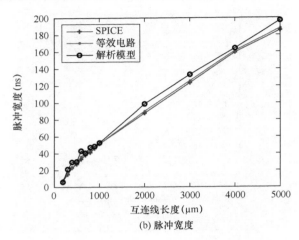

图5.30   22nm技术节点下不同互连线长度的SEC（续）

解析模型的误差来源有二：一是等效电路与原始电路之间存在的误差。解析模型是从等效电路推导得到的，因此该误差是主要来源；二是尽管由式（5.43）得到了SEC电压的准确表达式，但简便计算的近似过程会带来误差。

5.6   本章小结

随着CMOS器件特征尺寸进入超深亚微米尺度，互连线的寄生电容和电感不可再被忽略，因为会增大互连线的串扰效应对SET的影响。为了准确、快速地预测单粒子串扰，本章首先介绍了基于线元解耦法的SEC估计模型，通过对每段线元进行解耦处理，得到了输入-输出的传输矩阵，进而得到了串扰的解析表达式。最后根据SET等效电路和互连线的RLC分布模型提出了一种SEC的解析模型。结果显示，该模型估计SEC电压峰值的平均误差仅为2.19%，而参考文献[5]和[6]中的平均误差分别为6.16%、3.07%，且寄生电感也被忽略。参考文献[8]在纳米CMOS技术下，考虑寄生电感时预测的SEC的平均误差为3.21%。结果证实了解析模型的准确性，且随着技术节点的缩小或RLC单元数量的减少，该模型的误差增加。

参 考 文 献

[1] Tang D, Li Y H, Zhang G H, et al. *Single event upset sensitivity of 45nm FDSOI and SOI FinFET SRAM* [J]. Chin. Sci.Technol. Sci., 2013, 56: 780-785.

[2] Calomarde A, Amat E, Moll F, et al. *SET and noise fault tolerant circuit design techniques: application to 7 nm FinFET* [J]. Microelectr. Reliab., 2014, 54: 738-745.

[3] Scholz M, Chen S H, Hellings G, et al. *Impact of on- and off-chip protection on the transient-induced latch-up sensitivity of CMOS IC* [J]. Microelectr. Reliab., 2016, 57: 53-58.

[4] Wirth G I, Vieira M G, Neto E H, et al. *Modeling the sensitivity of CMOS circuits to radiation induced single event transients* [J]. Microelectr. Reliab., 2008, 48: 29-36.

[5] Sayil S, Boorla V K, Reddula S R. *Modeling single event crosstalk in nanometer technologies* [J]. IEEE Trans. Nucl. Sci., 2011, 58: 2493-2502.

[6] Liu B J, Cai L, Zhu J. *Accurate analytical model for single event (SE) crosstalk* [J]. IEEE Trans. Nucl. Sci., 2012, 59: 1621-1627.

[7] Balasubramanian A, Amusan O A, Bhuva B L, et al. *Measurement and analysis of interconnect crosstalk due to single events in a 90nm CMOS technology* [J]. IEEE Trans. Nucl. Sci., 2008, 55: 2079-2084.

[8] 朱樟明, 钱利波, 杨银堂. 一种基于纳米级CMOS工艺的互连线串扰RLC解析模型[J]. 物理学报, 2009, 58(4): 2631-2636.

[9] Sayil S, Bhowmik P. *Mitigating the thermally induced single event crosstalk* [J]. Analog Integr. Circ. Sys., 2017, 92: 247-253.

[10] Sayil S, Yuan L. *Modeling single event crosstalk speedup in nanometer Technologies* [J]. Microelectr. J., 2015, 46: 343-350.

[11] Agarwal K, Sylvester D, Blaauw D. *Modeling and analysis of crosstalk noise in coupled RLC interconnects* [J]. IEEE Trans. Comput.-Aided Des. Integ. Cir. Syst., 2006, 25: 892-901.

[12] Roy S, Dounavis A. *Efficient delay and crosstalk modeling of RLC interconnects using delay algebraic equations* [J]. IEEE Trans. VLSI Sys., 2011, 19: 342-346.

[13] Ding L, Blaauw D, Mazumder P. *Accurate crosstalk noise modeling for early signal integrity analysis* [J]. IEEE Trans. Comput.-Aided Des. Integ. Cir. Syst., 2003, 22: 627-634.

[14] Gaillardin M, Raine M, Paillet P, et al. *Investigations on heavy ion induced single-event transients (SETs) in highly-scaled FinFETs* [J]. Nucl. Instrum. Meth. B, 2015, 365: 631-635.

[15] Sahoo M, Ghosal P, Rahaman H. *Modeling and analysis of crosstalk induced effects in multiwalled carbon nanotube bundle interconnects: an ABCD parameter-based approach* [J]. IEEE Trans. Nanotechnol., 2015, 14: 259-274.

[16] Agrawal Y, Kumar M G, Chandel R. *A comprehensive model for high-speed current-mode signaling in next generation MWCNT bundle interconnect using FDTD technique* [J]. IEEE Trans. Nanotechnol. 2016, 15: 590-598.

[17] Rai M K, Arora S, Kaushik B K. *Temperature-dependent modeling and performance analysis of coupled MLGNR interconnects* [J]. Int. J. Circ. Theor. App. 2018, 46: 299-312.

[18] Sayil S, Akkur A B, Gaspard III N. *Single event crosstalk shielding for CMOS logic* [J]. Microelectr. J. 2009, 40: 1000-1006.

[19] Kaushik B K, Sarkar S. *Crosstalk analysis for a CMOS gate driven inductively and capacitively coupled interconnects* [J]. Microelectr. J. 2008, 39: 1834-1842.

[20] Liu B J, Cai L. *Monte Carlo reliability model for single-event transient on combinational circuits* [J]. IEEE Trans. Nucl. Sci., 2017, 64(12): 2933-2937.

[21] 吴驰，毕津顺，腾瑞，等. 复杂数字电路中的单粒子效应建模综述[J]. 微电子学，2016，46(1): 117-123.

[22] Rathod S S, Saxena A K, Dasgupta S. *Electrical performance study of 25nm Ω-FinFET under the influence of gamma radiation: a 3D simulation* [J]. Microelectron. J., 2011, 42:165-172.

[23] Munteanu D, Autran J L, Ferlet-Cavrois V. *3D quantum numerical simulation of single-event transients in multiple-gate nanowire MOSFETs* [J]. IEEE Trans. Nucl. Sci., 2007, 54(4): 994-1001.

[24] Qin J R, Chen S M, Li D W, et al. *Temperature and drain bias dependence of single event transient in 25-nm FinFET technology* [J]. Chin. Phys. B, 2012, 21(8): 089401.

[25] Munteanu D, Ferlet-Cavrois V, Autran J L, et al. *Investigation of quantum effects in ultra-thin body single- and double-gate devices submitted to heavy ion irradiation* [J]. IEEE Trans. Nucl. Sci., 2006, 53(6): 3363-3371.

[26] Alvarado J, Boufouss E, Kilchytska V, et al. *Compact model for single event transients and total dose effects at high temperatures for partially depleted SOI MOSFETs* [J]. Microelectr. Reliab., 2010, 50: 1852-1856.

[27] Chatterjee I, Narasimham B, Mahatme N N, et al. *Single-event charge collection and upset in 40nm dual- and triple- well bulk CMOS SRAMs* [J]. IEEE Trans. Nucl. Sci., 2011, 58(6): 2761-2767.

[28] Moen K A, Najafizadeh L, Seungwoo J, et al. *Accurate modeling of single-event transients in a SiGe voltage reference circuit* [J]. IEEE Trans. Nucl. Sci., 2011, 58(3): 877-884.

[29] Dodd P E, Massengill L W. *Basic Mechanisms and Modeling of single-event upset in digital microelectronics* [J]. IEEE Trans. Nucl. Sci., 2003, 50(3): 583-602.

[30] Munteanu D, Autran J-L. *Modeling and simulation of single-event effects in digital devices and ICs* [J]. IEEE Trans. Nucl. Sci., 2008, 55(4): 1854-1878.

[31] Laird J S, Hirao T, Onoda S, et al. *TCAD modeling of single MeV ion induced charge collection processes in Si devices* [J]. Nucl. Instr. Methods Phy. Res. B, 2003, 206: 36-41.

[32] Hirao T, Nashiyama I, Kamiya T. *Effect of ion position on single event transient current* [J]. Nucl. Instr. Methods Phy. Res. B, 1997, 130: 486-490.

[33] Benedetto J M, Eaton P H, Mavis D G, et al. *Digital single event transient trends with technology node scaling* [J]. IEEE Trans. Nucl. Sci., 2006, 53(6): 3462-3465.

[34] Reed R A, Weller R A, Mendenhall M H, et al. *Impact of ion energy and species on single event effects analysis* [J]. IEEE Trans. Nucl. Sci., 2007, 54(6): 2312-2321.

[35] Lin C H, Reene B G, Narasimha S, et al. *High performance 14nm SOI FinFET CMOS technology with $0.0174\mu m^2$ embedded DRAM and 15 levels of Cu metallization* [J]. 2014 IEEE

Int. Electron Dev. Meeting (IEDM). IEEE, 2014: 74-76.

[36] 刘保军，蔡理，董治光，等. 纳米FinFET器件的单粒子效应研究[J]. 原子核物理评论，2014, 31(4): 516-521.

[37] 张战刚，雷志峰，童腾，等. 14nm FinFET和65nm平面工艺静态随机存取存储器中子单粒子翻转对比[J]. 物理学报，2020, 69(5): 056101.

[38] Munteanu D, Autran J L. *3D simulation of single-event-transient effects in symmetrical dual-material double-gate MOSFETs* [J]. Microelectron. Reli., 2015, 55: 1522-1526.

[39] 刘忠永，蔡理，刘保军，等. 晶圆各向异性对4H-SiC基VDMOSFET单粒子效应的影响[J]. 固体电子学研究与进展，2017, 37(4): 234-238.

[40] 刘忠永，蔡理，刘保军，等. 4H-SiC基半超结VDMOSFET单粒子烧毁效应[J]. 空军工程大学学报（自然科学版），2018, 19(3): 95-100.

[41] Lu J, Liu J, Tian X, et al. *Impact of varied buffer layer designs on single-event response of 1.2kV SiC power MOSFETs* [J]. IEEE Trans. Electron Dev., 2020, 67(9): 3698-3704.

[42] 于庆奎，曹爽，张洪伟，等. SiC器件单粒子效应敏感性分析[J]. 原子能科学技术，2019, 53(10): 2114-2119.

[43] Mcpherson J A, Kowal P J, Pandey G K, et al. *Heavy ion transport modeling for single-event burnout in SiC-based Power Devices* [J]. IEEE Trans. Nucl. Sci., 2019, 66(1): 474-481.

[44] Akturk A, Wilkins R, Mcgarrity J, et al. *Single event effects in Si and SiC power MOSFETs due to terrestrial neutrons* [J]. IEEE Trans. Nucl. Sci., 2017, 64(1): 529-535.

[45] 张鸿，郭红霞，潘霄宇，等.重离子在碳化硅中的输运过程及能量损失[J]. 物理学报，2021, 70(6): 162401.

[46] Zhang H, Guo H X, Zhang F Q, et al. *Study on proton-induced single event effect of SiC diode and MOSFET* [J]. Microelectr. Reliab., 2021, 124: 114329.

[47] 尚也淳. SiC材料和器件特性及其辐照效应的研究[D]. 西安电子科技大学，2001.

[48] 上官士鹏. 新材料器件单粒子效应脉冲激光模拟试验研究[D]. 中国科学院大学，2020.

[49] 刘保军，张爽，李闯. 14nm SOI FinFET器件单粒子瞬态的复合双指数电流源模型[J]. 固体电子学研究与进展，2022, 42(2): 93-98.

[50] Saha R, Bhowmick B, Baishya S. *GaAs SOI FinFET: impact of gate dielectric on electrical parameters and application as digital inverter* [J]. Int. J. Nanoparticles, 2018, 10(1/2): 3-14.

[51] 周威. GaAs HBT单粒子效应的研究[D]. 西安电子科技大学，2014.

[52] Artola L, Hubert G. *Modeling of elevated temperatures impact on single event transient in advanced CMOS logics beyond the 65nm technological node* [J]. IEEE Trans. Nucl. Sci., 2014, 61(4): 1611-1617.

[53] Silvaco Inc. *Atlas User's Manual*, 2012.

[54] Sootkaneunga W, Howimanporn S, Chookaew S. *Temperature effects on BTI and soft errors in modern logic circuits* [J]. Microelectr. Reliab., 2018, 87: 259-270.

[55] 张晋新，贺朝会，郭红霞，等. 不同偏置影响锗硅异质结双极晶体管单粒子效应的三维数

值仿真研究[J]. 物理学报，2014, 63(24): 248503.

[56] Mann R W, Zhao M, Kwon O S, et al. *Bias-dependent variation in FinFET SRAM* [J]. IEEE Trans. VLSI Sys., 2020, 28(5): 1341-1344.

[57] 刘保军，杨晓阔，陈名华. 4H-SiC基FinFET器件的单粒子瞬态效应研究[J]. 电子与封装，2022, 22(11): 110401.

[58] Khan H R, Mamaluy D, Vasileska D. *Simulation of the impact of process variation on the optimized 10-nm FinFET* [J]. IEEE Trans. Electron Dev., 2008, 55(8): 2134-2141.

[59] Ni P, Xia Y, Li J, et al. *Using polynomial chaos expansion for uncertainty and sensitivity analysis of bridge structures* [J]. Mechanical Sys. Signal Proc., 2019, 119: 293-311.

[60] Lucor D, Su C-H, Karniadakis G E. *Generalized polynomial chaos and random oscillators* [J]. Int J. for Numerical Methods in Eng., 2004, 60: 571-596.

[61] 王鹏，修东滨，著. 不确定性量化导论[M]. 北京：科学出版社，2019.

[62] Lopez R H, Fadel Miguel L F, Souza de Cursi J E. *Uncertainty quantification for algebraic systems of equations* [J]. Computers Struct., 2013, 128: 189-202.

[63] Fernandez-Zelaia P, Melkote S N. *Statistical calibration and uncertainty quantification of complex machining computer models* [J]. Int. J. Machine Tools Manufact., 2019, 136: 45-61.

[64] 闫爱斌，梁华国，黄正峰，等. 考虑多时钟周期瞬态脉冲叠加的锁存窗屏蔽模型[J]. 电子学报，2016, 44(12): 11-19.

[65] Pahlevanzadeh H, Yu Q Y. *A new analytical model of SET latching probability for circuits experiencing single- or multiple-cycle single-event transients* [J]. J. Electron. Test., 2014, 30: 595-609.

[66] 李鑫，Wang J M，唐卫清，等. 一种基于RLC互连线系统的串扰仿真方法研究[J]. 系统仿真学报，2008, 20(15): 4202-4206.

第6章　碳纳米材料互连线的单粒子串扰效应

随着器件特征尺寸进入超深亚微米，传统铜互连线的电阻率过大等问题愈发严重。新型碳纳米材料，如碳纳米管、石墨烯等[1, 2]，具有良好的电学、热学和力学特性，被视为很有潜力的互连材料。同时，互连线的间隔宽度比缩小、厚度宽度比增加，导致互连线间的耦合效应增强。因此，在先进电路芯片设计流水线和信号完整性分析的早期阶段，必须考虑互连线间串扰效应的影响[3, 4]。

在辐射环境中，高能粒子会诱发单粒子瞬态（SET），形成软错误，因此SET已成为超深亚微米集成电路需要重点关注的辐射效应。串扰效应会使SET影响电气不相关路径的电路，进而增加其SET的易受攻击部分和敏感性。因此，单粒子串扰（Single Event Crosstalk，SEC）的分析和预测是非常重要的研究工作[5, 6]。

针对串扰效应，研究人员已开展了大量研究。例如，使用时域有限差分法、ABCD矩阵法、谱域随机法等进行串扰的预测、时延估计等[7-10]，分析温度、频率等对串扰的影响等[11-15]。针对SEC，Balasubramanian等利用90nm的单个和两个光子激光吸收技术，测试并证实了SEC的存在[16]；Sayil等[3, 6]基于互连线的4-π分布RC网络模型，提出了一种SEC预测模型，平均误差约为6.16%，并且分析了温度的影响；Liu等[4, 17, 18]基于导纳规则建立了SEC的估计模型，其平均误差为3.07%，并且建立了多线间SEC的预测模型，其平均误差为5.52%；综合考虑寄生容性和感性效应构建的SEC解析模型，其预测误差为2.19%。以上研究均是针对铜互连线的，尚缺乏关于新型碳纳米材料互连线的SEC的研究。虽然针对碳纳米材料互连的串扰效应开展了一些研究，但系统性不强，结论也不能很好地指导集成电路的辐射效应分析和研究。因此，迫切需要开展新型碳纳米材料互连线的SEC相关研究。

本章针对碳纳米材料的互连线建立统一的集总分布式RLC模型，对比四种碳纳米材料互连线的单粒子串扰效应，探讨其影响机理，分析温度对单粒子串扰效应的影响，对比不同温度下铜互连线和碳纳米材料互连线的串扰效应，给出一些减弱串扰的措施或方法。

6.1　碳纳米管互连线的等效RLC模型

这里，碳纳米材料互连线是金属性的，主要考虑四种类型[1, 2, 7-9, 12, 13, 19-22]：

单壁碳纳米管束（Single Walled Carbon NanoTube bundle，SWCNT）、多壁碳纳米管束（MultiWalled Carbon NanoTube bundle，MWCNT）、单层石墨烯（Single Layer Graphene Nano-Ribbon，SLGNR）和多层石墨烯（MuLtilayer Graphene Nano-Ribbon, MLGNR），如图6.1所示，其中 w, h, l 分别表示互连线的宽度、厚度和长度，s 是两线的间隔，h_t 是离地面的高度，互连线与地面之间是介质材料，D 是单壁碳纳米管的直径，D_{min} 和 D_{max} 分别是多壁碳纳米管的最小直径和最大直径，$\delta = 0.34$nm 是范德华距离。

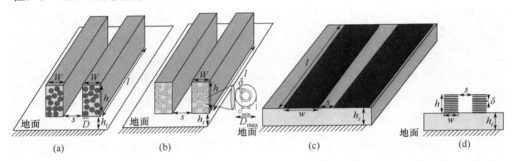

图6.1　碳纳米材料互连线结构示意图：(a) SWCNT；(b) MWCNT；(c) SLGNR；(d) MLGNR

这里将碳纳米互连线视为等效单导体（Equivalent Single Conductor，ESC），即将其各方面的影响都转化为电阻、电容和电感来考虑；同时，考虑到各个参数的影响因素不同，提取的等效电路参数分为集总参数和分布参数[2, 7, 12, 19]。图6.2所示为所提取碳纳米材料互连线的等效RLC电路模型，其中 R_c 和 R_q 分别为集总接触电阻和量子电阻，r_s, l_k, l_m, c_q, c_e 均是分布式参数，分别表示散射电阻、动态电感、磁性电感、量子电容和静电电容。

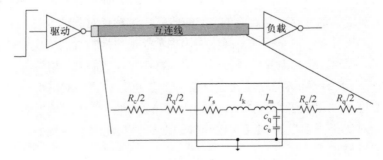

图6.2　互连线的等效RLC电路模型

下面分析四种碳纳米材料互连线等效RLC模型中的参数。接触电阻与互连线的材料有很大关系，其值在几百欧姆到上千欧姆之间。通过归纳四类互连线的RLC参数[1, 2, 7-9, 12, 13, 19-22]，得到了统一的RLC解析模型，如式（6.1）和表6.1所示。

$$R_{\mathrm{q}} = \frac{h_{\mathrm{B}}}{2q^2 N_{\mathrm{cnt}} \sum\limits_{i=1}^{N} N_i} \tag{6.1a}$$

$$r_{\mathrm{s}} = \frac{h_{\mathrm{B}}}{2q^2 N_{\mathrm{cnt}} \sum\limits_{i=1}^{N} N_i \lambda_i(T)} \tag{6.1b}$$

$$l_{\mathrm{k}} = \frac{h_{\mathrm{B}}}{4q^2 v_{\mathrm{F}} N_{\mathrm{cnt}} \sum\limits_{i=1}^{N} N_i} \tag{6.1c}$$

$$l_{\mathrm{m}} = \frac{\mu_0}{2\pi} g(w, h_t) \tag{6.1d}$$

$$c_{\mathrm{q}} = \frac{4q^2}{h_{\mathrm{B}} v_{\mathrm{F}}} N_x \tag{6.1e}$$

$$c_{\mathrm{e}} = \varepsilon_0 \varepsilon_{\mathrm{r}} f(w, h_t) \tag{6.1f}$$

式中，$h_{\mathrm{B}} = 6.625 \times 10^{-34}$Js 是普朗克常数，$q = 1.602 \times 10^{-19}$C 是电子电荷，$v_{\mathrm{F}} = 8 \times 10^5$m/s 是费米速度，$\mu_0 = 4\pi \times 10^{-7}$H/m 是真空磁导率，$\varepsilon_0 = 8.854 \times 10^{-12}$F/m 是真空介电常数，$\varepsilon_{\mathrm{r}}$ 是介质的相对介电常数。

表6.1　式（6.1）中的相关参数

参　数	互连线类型			
	SWCNT	MWCNT	SLGNR	MLGNR
N_{cnt}	$N_{\mathrm{w}} = \lfloor (w-D)/(D+\delta) \rfloor + 1$ $N_{\mathrm{H}} = \lfloor 2/\sqrt{3}(h-D)/(D+\delta) \rfloor + 1$，$N_{\mathrm{cnt}} = P_{\mathrm{m}}(N_{\mathrm{H}} N_{\mathrm{w}} - \lfloor N_{\mathrm{H}}/2 \rfloor)$		1	$\lfloor h/\delta \rfloor + 1$
N	1	$\lfloor (D_{\max} - D_{\min})/(2\delta) \rfloor + 1$	1	
N_i	2	$N_i = \begin{cases} aTD_i + b, & D_i > d_{\mathrm{T}}/T \\ 2/3, & D_i < d_{\mathrm{T}}/T \end{cases}$	$\alpha E_{\mathrm{F}} w$	
$\lambda_i(T)$	$\lambda_i(T) = (\lambda_{\mathrm{AC}}^{-1} + \lambda_{\mathrm{op,ems}}^{-1} + \lambda_{\mathrm{op,abs}}^{-1})^{-1}$，$\lambda_{\mathrm{op,ems}}(T) = \left[\lambda_{\mathrm{op,ems}}^{\mathrm{fd}}(T)^{-1} + \lambda_{\mathrm{op,ems}}^{\mathrm{abs}}(T)^{-1} \right]^{-1}$ $\lambda_{\mathrm{op,ems}}^{\mathrm{abs}}(T) = \lambda_{\mathrm{op,abs}} + \lambda_{\mathrm{op}}$，$\lambda_{\mathrm{op,ems}}^{\mathrm{fd}}(T) = y(T)l/V_{\mathrm{DD}} + \lambda_{\mathrm{op}}$，$N_{\mathrm{OP}}(T) = \dfrac{1}{\exp\left(\dfrac{h_{\mathrm{B,op}}}{k_{\mathrm{B}}T}\right) - 1}$ $\lambda_{\mathrm{AC}} = 1600\left(\dfrac{300}{T}\right)$ $\lambda_{\mathrm{op}} = 15\dfrac{N_{\mathrm{OP}}(300)+1}{N_{\mathrm{OP}}(T)+1}$ $\lambda_{\mathrm{op,abs}} = 15\dfrac{N_{\mathrm{OP}}(300)+1}{N_{\mathrm{OP}}(T)}$ $y(T) = \dfrac{h_{\mathrm{B,op}}}{q}$	$\lambda_{\mathrm{AC}} = \dfrac{4 \times 10^5 D_i}{T}$ $\lambda_{\mathrm{op}} = 56 D_i \dfrac{N_{\mathrm{OP}}(300)+1}{N_{\mathrm{OP}}(T)+1}$ $\lambda_{\mathrm{op,abs}} = \mathrm{e}^{\frac{h_{\mathrm{B,op}}}{k_{\mathrm{B}}T}} \lambda_{\mathrm{op}}$ $y(T) = \dfrac{h_{\mathrm{B,op}} - k_{\mathrm{B}}T}{q}$	$\lambda_{\mathrm{AC}} = \dfrac{\rho_{\mathrm{m}}(h_{\mathrm{B}}/\pi v_{\mathrm{F}} v_{\mathrm{s}})^2}{\sqrt{\pi N_{\mathrm{s}}} D_{\mathrm{AC}}^2 k_{\mathrm{B}}T}$ $\lambda_{\mathrm{op,abs}} = \dfrac{\rho_{\mathrm{m}} h_{\mathrm{B,op}} v_{\mathrm{F}}^2}{\sqrt{\pi N_{\mathrm{s}}} D_{\mathrm{op}}^2 N_{\mathrm{OP}}\left(1 + \dfrac{2\pi h_{\mathrm{B,op}}}{h_{\mathrm{B}} v_{\mathrm{F}} \sqrt{\pi N_{\mathrm{s}}}}\right)}$ $\lambda_{\mathrm{op,ems}} = \dfrac{\rho_{\mathrm{m}} h_{\mathrm{B,op}} v_{\mathrm{F}}^2}{\sqrt{\pi N_{\mathrm{s}}} D_{\mathrm{op}}^2 N_{\mathrm{OP}}\left(1 - \dfrac{2\pi h_{\mathrm{B,op}}}{h_{\mathrm{B}} v_{\mathrm{F}} \sqrt{\pi N_{\mathrm{s}}}}\right)}$	

（续表）

参　数	互连线类型			
	SWCNT	**MWCNT**	**SLGNR**	**MLGNR**
$g(w, h_t)$	$\dfrac{1}{N_w}\mathrm{acosh}\left(\dfrac{D+2h_t}{D}\right)$		$\mathrm{acosh}\left(\dfrac{h_t}{w}\right)$	$\dfrac{2\pi h_t}{w}$
N_x	$N_{\mathrm{cnt}}\displaystyle\sum_{i=1}^{N} N_i$			$\dfrac{1}{2}\alpha w E_{\mathrm{F}}(1+\sqrt{1+1/\alpha\beta E_{\mathrm{F}}})$
$f(w, h_t)$	$\dfrac{2\pi N_w}{\mathrm{acosh}\left(\dfrac{D+2h_t}{D}\right)}$		$M\left(\tanh\left(\dfrac{\pi w}{h_t}\right)\right)$	$\dfrac{w}{h_t}$

注意，表中的 D 均指最大直径，MLGNR 的动态电感 l_k 需要用迭代法得到[1]，其他参数说明如下：

$$k_{\mathrm{B}} = 1.38\times10^{-23}\mathrm{J/K}, \quad a = 2.04\times10^{-4}\mathrm{nm}^{-1}\mathrm{K}^{-1}$$
$$b = 0.425, \quad d_{\mathrm{T}} = 1300\mathrm{nmK}, \quad \alpha = 1.2\mathrm{eV}^{-1}\mathrm{nm}^{-1}, \quad \beta = 2.3\mathrm{nm}$$
$$h_{\mathrm{B.op}} = 0.18\mathrm{eV}, \quad \rho_{\mathrm{m}} = 7.6\times10^{-7}\mathrm{kg/m}^2, \quad v_s = 20\mathrm{km/s}$$
$$N_s = 4\times10^{16}/\mathrm{m}^2, \quad D_{\mathrm{AC}} = 8\mathrm{eV}, \quad D_{\mathrm{op}} = 2\times10^{11}\mathrm{eV/m}$$

$\lfloor\cdot\rfloor$ 表示向下取整，N_{cnt} 是导电管（层）数，N 是单根（层）导线的导电沟道数，$\lambda_i(T)$ 是温度为 T 时第 i 个导电沟道中的电子平均自由程，D_i 是单根 MWCNT 的第 i 层的直径，P_{m} 是导线管束中金属性碳纳米管的比例，E_{F} 是费米能级，V_{DD} 是加载电压。$M(x)$ 是一个分段函数，其表达式为

$$M(x) = \begin{cases} 2\pi\left[\ln\left(2\times\dfrac{1+\sqrt[4]{1-x^2}}{1-\sqrt[4]{1-x^2}}\right)\right]^{-1}, & 0 \leqslant x < \dfrac{1}{\sqrt{2}} \\ \dfrac{2}{\pi}\ln\left(2\times\dfrac{1+\sqrt{x}}{1-\sqrt{x}}\right), & \dfrac{1}{\sqrt{2}} \leqslant x \leqslant 1 \end{cases} \tag{6.2}$$

6.2　SEC的RLC电路

6.2.1　SET的模拟

这里仍用双指数模型来模拟高能粒子诱发的 SET 响应[4]，其表达式为

$$I(t) = \frac{Q_{\mathrm{dep}}}{\tau_\alpha - \tau_\beta}(\mathrm{e}^{-t/\tau_\alpha} - \mathrm{e}^{-t/\tau_\beta}) \tag{6.3}$$

式中，Q_{dep} 是粒子入射的累积电荷量，τ_α 是 PN 结的电荷收集时间常数，τ_β 是粒子轨迹初始化建立的时间常数。这里，τ_α 和 τ_β 分别设为 50ps 和 1ps。

6.2.2 两线间SEC等效电路

针对反相器链，通过两根耦合碳纳米材料互连线来分析SEC，原始电路图如图6.3(a)所示。将互连线等效为RLC的分布式网络（见图6.2），驱动反相器缓冲端等效为RC并联网络，负载端等效为电容，施扰线加载SET瞬态电流源，受扰线保持稳态，构建的SEC等效电路如图6.3(b)所示。对于，耦合电容c_c、耦合电感l_M，基于ESC和保角变换方法得到其表达式[12, 19, 20, 22]，如式（6.4）所示。耦合电容和电感的上标分别对应SWCNT、MWCNT、SLGNR和MLGNR四种互连线的耦合电容和电感。

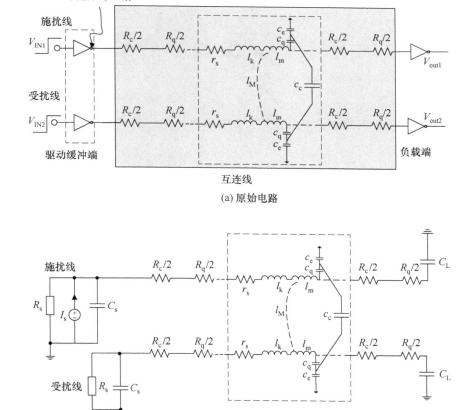

(a) 原始电路

(b) 等效电路

图6.3 反相器链的SEC电路

$$c_{\mathrm{c}}^{\mathrm{SWCNT}} = \frac{N_{\mathrm{w}} - 2}{2} \frac{2\pi\varepsilon_0\varepsilon_{\mathrm{r}}}{\ln\left(\dfrac{s+w}{D}\right)} + \frac{3N_{\mathrm{H}} + 4}{5} \frac{2\pi\varepsilon_0\varepsilon_{\mathrm{r}}}{\ln\left(\dfrac{s}{D}\right)} \tag{6.4a}$$

$$c_{\mathrm{c}}^{\mathrm{MWCNT}} = \frac{\pi\varepsilon_0\varepsilon_{\mathrm{r}} N_{\mathrm{cnt}}}{\ln\left(\dfrac{s}{D_{\max}} + \sqrt{\left(\dfrac{s}{D_{\max}}\right)^2 + 1}\right)} \tag{6.4b}$$

$$c_{\mathrm{c}}^{\mathrm{SLGNR}} = \frac{\varepsilon_0\varepsilon_{\mathrm{r}}}{4} M\left(\sqrt{1 - (1 + 2w/s)^{-2}}\right) \tag{6.4c}$$

$$c_{\mathrm{c}}^{\mathrm{MLGNR}} = \left(\frac{0.5}{1 + s^2/(h_t + h)^2} C_{[\mathrm{BCP}]}\left(\frac{h}{s/2}, \frac{2d}{s/2}\right) + \frac{0.87}{1 + (s/2)^2/(h_t + h)^2} C_{[\mathrm{CP}]}(w/s)\right) \tag{6.4d}$$

$$l_{\mathrm{M}}^{\mathrm{SWCNT/MWCNT}} = \frac{1}{N_{\mathrm{H}}} \frac{\mu_0}{2\pi}\left(\ln\left(\frac{l}{s+D} + \sqrt{1 + \left(\frac{l}{s+D}\right)^2}\right) + \frac{s+D}{l} - \sqrt{1 + \left(\frac{s+D}{l}\right)^2}\right) \tag{6.4e}$$

$$l_{\mathrm{M}}^{\mathrm{MLGNR}} = \frac{\mu_0}{2\pi} l\left[\ln\left(\frac{l}{s+w} + \sqrt{1 + \left(\frac{l}{s+w}\right)^2}\right) + \frac{s+w}{l} - \sqrt{1 + \left(\frac{s+w}{l}\right)^2}\right] \tag{6.4f}$$

式中，SLGNR的l_{M}忽略不计，函数$C_{[\mathrm{BCP}]}(z, y)$和$C_{[\mathrm{CP}]}(x)$见参考文献[22]。

6.2.3　三线间SEC等效电路

类似于6.2.2节，三条SWCNT互连线串扰的等效电路如图6.4所示，图中互连线参数的计算与6.2.2节中的相同，且驱动端采用相同的电阻R_{s}和电容C_{s}并联等效，输出端采用相同的电容C_{L}等效。C_{s}是输出节点上等效的集总负载电容，R_{s}是上翻或下翻的等效电阻[4, 18, 23]。实际上，由于晶体管线性区和饱和区的等效电阻与电容是不同的，将非线性CMOS驱动逻辑门近似为电阻和电容的并联电路会导致输出不够准确。因此，为了得到更准确的输出结果，基于α幂法则和n阶幂法则模型，提出了一些更理想的等效模型或方法[22, 24-25]。然而，对模拟单粒子串扰效应而言，更常用的等效模型是线性电阻和电容的并联电路[23]。假设三条互连线的输入为逻辑"1"，因此输出应为逻辑"0"。高能粒子入射线即线1和线3的PMOS（处于"关"状态）称为施扰线，线2由于互连线串扰的存在，其输出可能受到影响，称为受扰线。

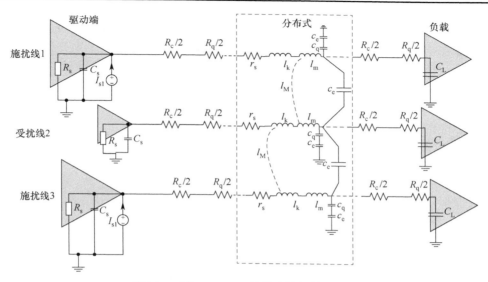

图6.4　三条SWCNT互连线串扰的等效电路

6.3　两线间的SEC分析

针对四种碳纳米材料互连线系统，设置技术节点分别为32nm、21nm和14nm，互连线为全局型，相关参数设置参考ITRS-2013。为了对比性能，同时仿真了相同技术节点下铜互连的RLC分布模型[26]，并且考虑了纳米尺度下铜电阻率的变化[1]。

6.3.1　脉冲宽度和峰值电压

下面是SEC脉冲宽度和峰值电压的定义[27]。假设在高能粒子作用下，负载端的输出电压为$V_{\text{out}}(t)$，则有效脉冲宽度为

$$W_{\text{SEC}} = \frac{\int_0^\infty t V_{\text{out}}(t)\mathrm{d}t}{\int_0^\infty V_{\text{out}}(t)\mathrm{d}t} \tag{6.5}$$

峰值电压为

$$V_{\text{peak}} = \frac{\int_0^\infty V_{\text{out}}(t)\mathrm{d}t}{W_{\text{SEC}}} = \frac{(\int_0^\infty V_{\text{out}}(t)\mathrm{d}t)^2}{\int_0^\infty t V_{\text{out}}(t)\mathrm{d}t} \tag{6.6}$$

随着器件特征尺寸的不断缩小，很小的累积电荷（几fC）也可诱发显著的瞬

态电流。设粒子入射的累积电荷量为9.8fC，互连线的长度为200μm，使用SPICE仿真SEC电路，通过式（6.5）和式（6.6）计算不同技术节点下不同互连线类型的SEC峰值电压和脉冲宽度，结果如图6.5和表6.2所示。

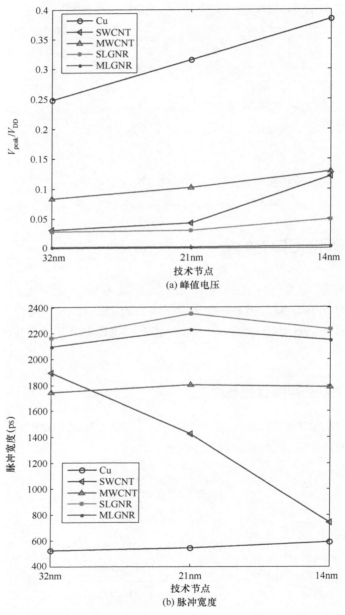

(a) 峰值电压

(b) 脉冲宽度

图6.5　不同技术节点下不同互连线类型的SEC峰值电压和脉冲宽度

表6.2 不同互连线的SEC的传输系数

互连线类型		施扰线远端/施扰线近端		受扰线远端/施扰线远端	
		峰值电压	脉冲宽度	峰值电压	脉冲宽度
Cu	32nm	0.9369	1.0641	0.6110	1.1585
	21nm	0.8568	1.1556	0.6599	1.1272
	14nm	0.5979	1.5847	0.7590	1.0673
SWCNT	32nm	0.9341	1.0533	0.6346	0.6978
	21nm	0.8907	1.0843	0.6003	0.6958
	14nm	0.7560	1.1902	0.6972	0.8049
MWCNT	32nm	0.7308	1.3059	0.8792	1.0453
	21nm	0.7269	1.3170	0.8430	1.0584
	14nm	0.4327	1.9881	0.9548	1.0125
SLGNR	32nm	0.1689	5.8701	0.2662	1.2339
	21nm	0.1626	6.0695	0.2448	1.2075
	14nm	0.1400	7.0575	0.2952	1.2160
MLGNR	32nm	0.8940	1.0886	0.0405	0.6168
	21nm	0.8461	1.1305	0.0332	0.6350
	14nm	0.7752	1.2338	0.0424	0.6596

由图6.5可见,与铜互连线相比,碳纳米材料互连线的SEC峰值电压较低,而脉冲宽度偏高,且随着技术节点的缩小,SEC峰值电压呈增加趋势,而脉冲宽度变化不显著,但SWCNT和MLGNR是例外。当技术节点从32nm缩小到14nm时,SWCNT的峰值电压增加到原来的2.88倍,脉冲宽度减小为原来的1/1.56,MLGNR的峰值电压非常低,脉冲宽度比较高,且几乎无变化,原因是SWCNT的耦合电容变化显著,而MLGNR的c_c变化不显著。

由表6.2可知,随着技术节点的缩小,互连线的阻抗增加,对信号传输的衰减作用增强,导致施扰线远端与近端的峰值电压比值呈显著减小趋势,但SLGNR和MLGNR的峰值电压比值变化相对较小;同时,较长的SLGNR传播信号时对信号的衰减作用较为严重,因此其并不适合作为长互连线来传输信号。结合受扰线与施扰线远端的峰值电压比值来看,两线间的耦合程度由高到低为MWCNT、Cu、SWCNT、SLGNR、MLGNR。因此,由于SLGNR和MWCNT的信号衰减作用较强,结合耦合程度的差异,最终导致图6.5中的SWCNT、SLGNR和MLGNR的峰值电压偏低。对脉冲宽度而言,信号在互连线的传播均会一定程度地展宽脉冲,但SWCNT和MLGNR的耦合程度相对较低,串扰脉宽比值偏小。综合信号的衰减程度和耦合效应,SWCNT和MLGNR更能有效抑制串扰的传播和影响。

6.3.2 潜在关联性分析

为了深入分析SEC等效电路中的RLC参数（见图6.2）与峰值电压及脉冲宽度之间的潜在关联性，设置不同的技术节点和不同的互连线长度时，获取相应的峰值电压和脉冲宽度。这里采用灰色关联理论[28]来深层次地揭示SEC与互连线参数之间的内在联系，为降低互连线串扰的设计和布局提供参考依据。

假设可行方案集为 $X = \{X_1, X_2, \cdots, X_m\}$ （m为可行方案的数量），且$X_i = (x_i(1), x_i(2), \cdots, x_i(n))$ （n是评价指标总数），其中$x_i(j)$是X_i方案对应第j个评价指标的量化值，$j = 1, 2, \cdots, n$。设参考方案为$X_0 = (x_0(1), x_0(2), \cdots, x_0(n))$，则$x_i(k)$与$x_0(k)$之间的灰色关联度可以表示为

$$\gamma(x_0(k), x_i(k)) = \frac{\min\limits_{i} \min\limits_{k} |x_0(k) - x_i(k)| + \rho \max\limits_{i} \max\limits_{k} |x_0(k) - x_i(k)|}{|x_0(k) - x_i(k)| + \rho \max\limits_{i} \max\limits_{k} |x_0(k) - x_i(k)|} \tag{6.7}$$

式中，$\gamma(x_0(k), x_i(k))$ 称为$x_i(k)$与$x_0(k)$的灰色关联度，$\min\limits_{i} \min\limits_{k}$ 为二级最小值，$\max\limits_{i} \max\limits_{k}$ 为二级最大值，$\rho \in (0, 1)$称为分辨系数，一般取$\rho = 0.5$。

利用灰色关联理论计算互连线的等效参数与SEC之间的综合关联度，结果如表6.3所示。

表6.3 互连线的等效参数与SEC之间的综合关联度

参 数		$R_c + R_q$	r_s	$l_k + l_m$	$c_e c_q/(c_e + c_q)$	c_c	l_M
峰值电压	32nm	0.7601	0.8499	0.8668	0.9901	0.9322	0.6022
	21nm	0.7619	0.8371	0.8580	0.9873	0.9284	0.5996
	14nm	0.7690	0.8208	0.8450	0.9119	0.9378	0.5881
脉冲宽度	32nm	0.7568	0.9264	0.9561	0.8862	0.9441	0.6023
	21nm	0.7572	0.9224	0.9634	0.8831	0.9270	0.5996
	14nm	0.7591	0.8987	0.9492	0.8272	0.9083	0.5882

由表可知，峰值电压与分布电感（$l_k + l_m$）、电容（$c_e c_q/(c_e + c_q)$）和耦合电容（c_c）之间存在较高的关联度，脉冲宽度与分布电阻（r_s）、电感（$l_k + l_m$）和耦合电容（c_c）之间存在较高的关联度，且关联程度随技术节点的缩小呈减小趋势，而峰值电压和脉冲宽度与互感（l_M）、集总电阻（$R_c + R_q$）的关联度偏小。综合上述分析可知，耦合电容和分布电感很大程度上会同时影响峰值电压和脉冲宽度；因此，在电路设计时，要考虑如何布局来降低耦合电容及电感，进而达到降低串扰噪声的目的。

6.4 温度对三线间SEC的影响

随着技术节点的不断缩小，温度问题已成为设计采用碳纳米管互连线的高性能集成电路的重要挑战之一。互连线的参数（如电阻、电容、电感等）随着温度的改变而变化，进而影响信号的完整性。研究表明，高于室温的温度变化会对互连线的时延、功耗和串扰产生显著影响[12, 13, 15, 29]。

6.4.1 温度对平均自由程的影响

针对图6.4所示三条SWCNT互连线的串扰效应分析温度对SEC的影响，发现温度会影响SWCNT的有效电子平均自由程［见表6.1中的$\lambda(T)$］。为了直观地展现平均自由程与温度的依赖关系，下面给出平均自由程的表达式[12, 29-30]：

$$\lambda(T) = (\lambda_{AC}^{-1} + \lambda_{op,ems}^{-1} + \lambda_{op,abs}^{-1})^{-1} \tag{6.8}$$

式中，λ_{AC}，$\lambda_{op,ems}$，$\lambda_{op,abs}$分别是声子散射、光子发射和光子吸收的平均自由程：

$$\lambda_{AC} = \lambda_{ac,300}\left(\frac{300}{T}\right) \tag{6.9}$$

$$\lambda_{op,abs} = \lambda_{op,300}\frac{N_{OP}(300)+1}{N_{OP}(T)} \tag{6.10}$$

$$\lambda_{op,ems}(T) = [\lambda_{op,ems}^{fd}(T)^{-1} + \lambda_{op,ems}^{abs}(T)^{-1}]^{-1} \tag{6.11}$$

式中，$\lambda_{ac,300} \approx 1600nm$表示温度为300K时声子散射的平均自由程，$\lambda_{op,300} \approx 15nm$表示温度为300K时光子发射的平均自由程，$N_{OP}(T)$是光子数，$\lambda_{op,ems}^{fd}(T)$表示形成光子发射事件的平均自由程，$\lambda_{op,ems}^{abs}(T)$表示光子吸收发生后再发射光子的平均自由程：

$$N_{OP}(T) = \frac{1}{\exp\left(\dfrac{h_{B.op}}{k_B T}\right)-1} \tag{6.12}$$

$$\lambda_{op,ems}^{abs}(T) = \lambda_{op,abs} + \lambda_{op,300}\frac{N_{OP}(300)+1}{N_{OP}(T)+1} \tag{6.13}$$

$$\lambda_{op,ems}^{fd}(T) = \frac{h_{B.op}l}{qV_{DD}} + \lambda_{op,300}\frac{N_{OP}(300)+1}{N_{OP}(T)+1} \tag{6.14}$$

式中，$h_{B.op}$是光子能量（约0.18eV），V_{DD}是电压。

同时，为了比较性能，对三条铜互连线系统的SEC进行了分析。对于铜材料，电阻率随着温度的变化而变化，如下式所示[31]：

$$\rho = \rho_0(T)\left\{\left[1-1.5\alpha_{Cu}+3\alpha_{Cu}^2-3\alpha_{Cu}^3\ln\left(1+\frac{1}{\alpha_{Cu}}\right)\right]^{-1}+0.45(1-p)\frac{1+AR}{AR}\frac{l_D}{w_{Cu}}\right\} \quad (6.15)$$

式中：$\alpha_{Cu}=l_D R_p/(1-R_p)d_p$；$w_{Cu}$是铜互连线的宽度；$l_D$是电子的平均自由程（约为40nm）；$\rho_0(T)$是温度为$T$时铜的电阻率；$d_p$是平均晶格尺寸，其取值与$w_{Cu}$的相同；$R_p$是铜线反射系数，其取值为0.22；$p$是电子晶体边界发射率，其取值为0.41；AR是互连线的长宽比系数。$\rho_0(T)$的计算公式为

$$\rho_0(T)=A\left(1+\frac{BT}{\theta-CT}+D\left(\frac{\theta-CT}{T}\right)^m\right)\varphi\left(\frac{\theta-CT}{T}\right) \quad (6.16)$$

式中，

$$m=1.84,\ \theta=310.8K,\ A=1.809\mu\Omega cm,\ B=-5.999\times10^{-3}$$
$$C=0.0456\times10^{-3},\ D=-6.476\times10^{-4}$$

$\varphi(x)$用于模拟单价纯金属在较大温度范围内的本征电阻率[32]：

$$\varphi(x)=4x^{-5}\int_0^x z^5 e^z(e^z-1)^{-2}dz \quad (6.17)$$

对铜互连线而言，其他的电容和电感参数见第5章中的式（5.22）。

下面的分析采用如下参数：晶体管的宽度长度比为2，SWCNT的直径是1nm，互连线的类型是全局型，长度为50μm，其他参数如表6.4所示。

表6.4　不同技术节点下的互连线参数[33]

互连线参数	技术节点		
	21nm	14nm	9.5nm
宽度w (nm)	24	14	9.5
高度h (nm)	45.6	28	20
氧化层厚度h_t (nm)	40.8	25.2	20
相对介电常数ε_r	2.6	1.75	1.75
V_{DD} (V)	0.8	0.7	0.7
驱动电阻R_s (kΩ)	16.47	18.33	20.51
驱动电容C_s (fF)	0.097	0.03	0.01
负载电容C_L (fF)	0.35	0.065	0.05

6.4.2　时延和频率分析

在14nm技术节点下，当互连线长度为50μm、温度变化范围为200K～600K

时，对比分析了铜和SWCNT互连线的时延随温度的变化情况，如图6.6所示。

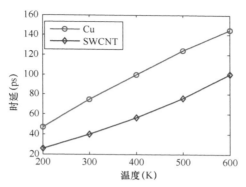

图6.6　铜和SWCNT互连线的时延随温度的变化情况

由图可见，随着温度的升高，两种互连线的时延均呈增加趋势，原因是温度的升高会使得电子的平均自由程减小［见式（6.8）～式（6.14）］。在相同的温度下，SWCNT的时延要低于铜互连线的时延，表明当温度从200K升高到600K时，SWCNT互连线的时延均低于铜互连线的时延，因此性能更优。

室温下，铜和SWCNT互连线的频率响应如图6.7所示。峰值电感和负载电阻分别是5μH和4kΩ[19]。结果显示，与铜互连线相比，SWCNT表现出了较低的截止频率[11]，而截止频率一般近似与互连线的寄生电阻和电容呈正比[11]。

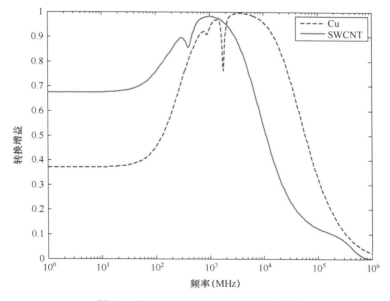

图6.7　铜和SWCNT互连线的频率响应

对于相同的互连线尺寸，尽管SWCNT的寄生电阻比铜的低，但由于SWCNT的寄生电容较高，其时间常数较大。因此，SWCNT互连线的截止频率较低。如图所示，SWCNT在低频区表现出了比铜更高的转换增益。例如，当工作频率为10MHz时，SWCNT和铜互连线的转换增益分别是0.675和0.371，原因是SWCNT的寄生电阻较小，导致互连线在信号传输过程的阻抗作用较小。

6.4.3　铜互连线和SWCNT的SEC

在温度范围200K～600K内，基于SPICE构建了14nm技术节点下SWCNT和铜互连线的SEC的等效电路（见图6.4）。通过式（6.5）和式（6.6）计算了SEC的脉冲宽度和峰值电压，结果如图6.8所示。

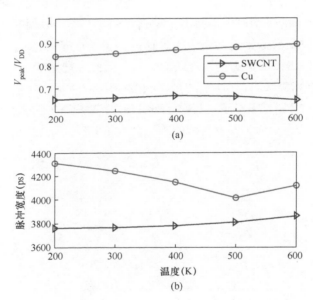

图6.8　不同温度下SWCNT和铜互连线的SEC：(a) 峰值电压；(b) 脉冲宽度

由图6.8可见，在相同温度条件下，SWCNT互连线的SEC的峰值电压和脉冲宽度均低于铜互连线的。随着温度的升高，两种互连线的峰值电压和脉冲宽度均呈增加趋势，且随着温度的上升，峰值电压变化不显著，而脉冲宽度的变化则较为显著。与铜互连线相比，SWCNT的SEC的峰值电压和脉冲宽度平均分别相对减少23.7%和8.8%，表明在超深亚微米尺度下，SWCNT互连线对单粒子串扰更具免疫性。

6.4.4　CNT参数对SEC的影响

下面分析14nm技术节点下SWCNT互连线管束中金属性碳纳米管的比例（P_m）和CNT直径对SEC的影响，结果如图6.9和图6.10所示。

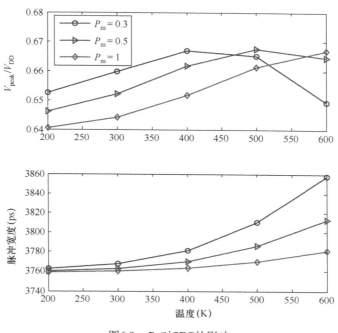

图6.9　P_m对SEC的影响

由图6.9可见，P_m增加，意味着单位体积内金属型SWCNT的数量增多，使得导电碳纳米管的总数增加，进而使得图6.4中的集总电阻R_c和R_q减小，分布参数r_s和l_k减小，而c_q增加。受扰线的阻抗减小，根据串联电阻的电压分配规律，可知受扰线远端的电压降低。在300K温度下，当P_m从0.3增至1时，SEC的峰值电压和脉冲宽度分别相对减小2.38%和0.2%。同时，温度升高也会使得SEC的峰值电压和脉冲宽度增加，原因是温度增加会使得施扰线和受扰线的集总电阻增加，进而使得耦合作用引起的串扰电压增加。然而，当施扰线的分布电阻增加到一定值时，传输信号便会受阻，使得施扰线远端的电压变小，且受扰线的峰值电压减小，从而出现图6.9中峰值电压先增后减的现象。

由表6.1中的SWCNT相关计算公式可知，当CNT的直径减小时，N_H、N_w和N_{cnt}增大。根据式（6.1）和式（6.4）可知，N_H、N_w和N_{cnt}增大会使得集总电阻和分布电阻、电感和耦合电感减小，接地电容和耦合电容增加。由于耦合效应增强，SEC增加。在温度300K下，与直径$D = 1$nm的情况相比，D为0.6nm和0.2nm对应的SEC的峰值电压分别相对增加1.68%和4.27%，对应的脉冲宽度分别增加0.54%和1.56%。随着温度的升高，不同直径的SWCNT的串扰呈增加趋势。

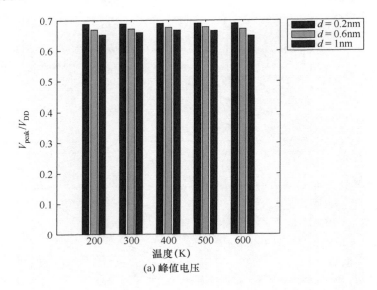

(a) 峰值电压

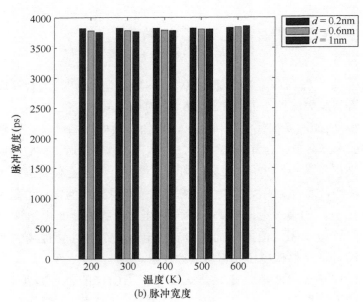

(b) 脉冲宽度

图6.10　不同CNT直径对应的SEC

6.4.5　温度和技术节点对SEC的影响

本节分析不同温度、不同互连线长度对SEC的影响。当技术节点为14nm、互连线长度范围为10～100μm、温度范围为200K～600K时，得到的结果如图6.11所示。

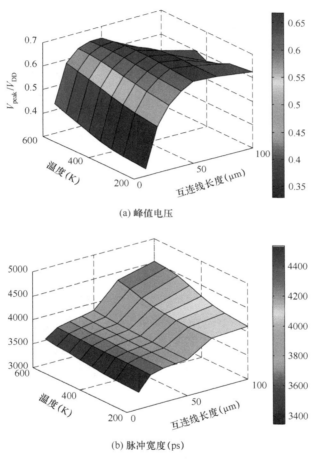

(a) 峰值电压

(b) 脉冲宽度(ps)

图6.11　互连线长度和温度对SEC的影响

由图6.11可见，温度升高或互连线长度增加均会导致SEC增强。峰值电压之所以出现先增后减的现象，是因为施扰线的阻抗变化及施扰线和受扰线间的耦合效应。互连线长度越短，SEC的峰值电压对温度就越敏感。例如，对长度为10μm和40μm的互连线而言，当温度从200K上升到600K时，SEC的峰值电压分别相对增加29.19%和4.35%。然而，互连线越长，脉冲宽度对温度越敏感。对长度为10μm和100μm的互连线而言，当温度从200K上升到600K时，SEC的脉冲宽度分别相对增加5.51%和10.4%，表明互连线变长或温度增高都会使互连线的耦合效应增强。尽管SEC的峰值电压可能出现减小现象，但扰动的脉冲宽度是增加的，因此仍然会恶化SET对邻近电路的影响。

图6.12中显示了不同技术节点和温度下SEC的噪声面积。噪声面积是一个非常重要的参数，它定义为峰值电压和脉冲宽度的乘积，决定了噪声能否被逻辑电路过滤[34]。技术节点的缩小会导致噪声面积增加。研究表明，在16nm技术节点下，室温下50μm长铜互连线的噪声面积是0.1V·ns[32]。然而，由于SET的影响，相同条件下铜互连线的SEC的噪声面积是2.5V·ns。21nm、14nm和9.5nm技术节点下的平均噪声面积分别是0.55V·ns、1.75V·ns和1.89V·ns。可见，在相同的技术节点下，SWCNT的噪声面积比铜互连线的高一些。当温度从200K上升到600K时，21nm、14nm和9.5nm技术节点下的最大噪声面积变化值分别是0.018V·ns、0.056V·ns和0.037V·ns。可见，相对于温度引起的SEC变化，技术节点引起的SEC变化更显著。

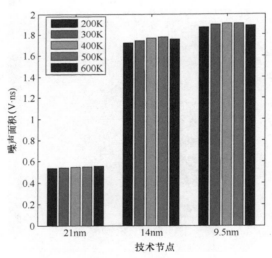

图6.12　不同技术节点和温度下SEC的噪声面积

6.5　本章小结

碳纳米材料互连线具有很好的电学、热学和力学特性，被视为一种具有应用潜力的互连材料。随着器件特征尺寸的不断缩小，SET已成为辐射环境中集成电路软错误的主要来源，严重威胁着电路的可靠性。不断增强的互连线耦合效应，进一步恶化了SET对电路的影响。

本章首先针对SWCNT、MWCNT、SLGNR和MLGNR四种新型碳纳米材料互连线，构建了统一的RLC等效模型及其SEC等效电路模型，通过分析32nm、21nm及14nm技术节点下SEC的峰值电压和脉冲宽度，探讨了四种新型互连线对SEC、信号传输的影响，并且基于灰色关联理论分析了RLC参数与SEC之间的潜在关联性，对比分析了四种碳纳米互连材料的SEC特点，为碳纳米互连线在辐射专用电路中应用的优化设计和评估提供了技术支撑和思路。

接着研究了温度对SWCNT互连线的单粒子串扰的影响。温度的变化会改变SWCNT的电学特性，进而复杂化其互连线的SEC。针对SEC的峰值电压、脉冲宽度和噪声面积，分析了互连线长度、CNT参数、金属型CNT比例和技术节点对SEC的影响，探讨了其作用机制。结果显示，SWCNT互连线的SEC比铜线的要弱，随着技术节点的缩小，SEC显著增加。当技术节点从21nm缩小至9.5nm时，平均噪声面积相对增加244%。由于耦合效应和受扰线阻抗的综合作用，金属型CNT比例的增加和CNT直径的增加都会使得SEC呈减少趋势。当互连线较短时，SEC的峰值电压对温度更敏感；当互连线较长时，SEC的脉冲宽度对温度更敏感。这些结论可为高温环境下的专用辐射电路如何减弱串扰效应提供理论基础和技术支撑。

参 考 文 献

[1] 崔江澎. 碳纳米管及石墨烯在纳米集成电路互连线中的相关研究[D]. 杭州：浙江大学，2012.

[2] Cui J P, Zhao W S, Yin W Y, et al. *Signal transmission analysis of multilayer graphene nano-ribbon (MLGNR) interconnects* [J]. IEEE Trans. Electromagnetic Compatibility, 2012, 54(1): 126-132.

[3] Sayil S, Boorla V K, Yeddula S R. *Modeling single event crosstalk in nanometer technologies* [J]. IEEE Trans. Nucl. Sci., 2011, 58(5): 2493-2502.

[4] Liu B J, Cai L, Zhu J. *Accurate analytical model for single event (SE) crosstalk* [J]. IEEE Trans. Nucl. Sci., 2012, 59(4): 1621-1627.

[5] Artola L, Gaillardin M, Hubert G, et al. *Modeling single event transients in advanced devices and ICs* [J]. IEEE Trans. Nucl. Sci., 2015, 62(4): 1528-1539.

[6] Sayil S, Bhowmik P. *Mitigating the thermally induced single event crosstalk* [J]. Anal. Integ. Circ. Signal Proc., 2017, 92: 247-253.

[7] Agrawal Y, Kumar M G, Chandel R. *Comprehensive model for high-speed current-mode signaling in next generation MWCNT bundle interconnect using FDTD technique* [J]. IEEE Trans. Nanotechnol., 2016, 15(4): 590-598.

[8] Sahoo M, Ghosal P, Rahaman H. *Modeling and analysis of crosstalk induced effects in*

multiwalled carbon nanotube bundle interconnects: an ABCD parameter-based approach [J]. IEEE Trans. Nanotechnol., 2015, 14: 259-274.

[9] Majumder M K, Das P K, Kaushik B K. *Delay and crosstalk reliability issues in mixed MWCNT bundle interconnects* [J]. Microelectr. Reliab., 2014, 54: 2570-2577.

[10] 李鑫，Janet M. Wang，张瑛，等. 工艺随机扰动下非均匀RLC互连线串扰的谱域方法分析 [J]. 电子学报，2009, 37(2): 398-403.

[11] Majumder M K, Kukkam N R, Kaushik B K. *Frequency response and bandwidth analysis of multi-layer graphene nanoribbon and multi-walled carbon nanotube interconnects* [J]. Micro & Nano Letters, 2014, 9(9): 557-560.

[12] Rai M K, Sarkar S. *Temperature dependant crosstalk analysis in coupled single-walled carbon nanotube (SWCNT) bundle interconnects* [J]. Int. J. Cir. Theory Appl., 2015; 43: 1367-1378.

[13] Rai M K, Arora S, Kaushik B K. *Temperature-dependent modeling and performance analysis of coupled MLGNR interconnects* [J]. Int. J. Cir. Theory Appl., 2018, 46: 299-312.

[14] 魏建军，王振源，陈付龙，等. 温度和频率对互连线信号完整性的影响[J]. 哈尔滨工程大学学报，2019, 40(4): 834-838.

[15] Bagheri A, Ranjbar M, Haji-Nasiri S, et al. *Modelling and analysis of crosstalk induced noise effects in bundle SWCNT interconnects and its impact on signal stability* [J]. J. Computational Electronics, 2017, 16: 845-855.

[16] Balasubramanian A, Amusan O A, Bhuva B L, et al. *Measurement and analysis of interconnect crosstalk due to single events in a 90nm CMOS technology* [J]. IEEE Trans. Nucl. Sci., 2008, 55(4): 2079-2084.

[17] Liu Baojun, Wei Bo, Zhang Shuang，et al. *Modeling and analysis single event crosstalk modeling in multi-lines system* [C]. IEEE 4th Advanced Information Technology, Electronic and Automation Control Conference. Chengdu, China: IEEE, 2019: 1928-1932.

[18] Liu Baojun, Cai Li, Liu Xiaoqiang. *An analytic model for predicting single event (SE) crosstalk of nanometer CMOS circuits* [J]. J. Electronic Testing: Theory Appl., 2020, 36(8): 461-467.

[19] Zhao S, Pan Z. *Bandwidth expanding technology for dynamic crosstalk aware single-walled and multi-walled carbon nanotube bundle interconnects* [J]. Microelectr. J., 2018, 78: 101-113.

[20] Khezeli M R, Moaiyeri M H, Jalali A. *Active shielding of MWCNT bundle interconnects: an efficient approach to cancellation of crosstalk-induced functional failures in ternary logic* [J]. IEEE Trans. Electromagnetic Compatibility, 2019, 61(1): 100-110.

[21] 吴纪森. 石墨烯互连线的串扰特性研究[D]. 西安：西安电子科技大学，2015.

[22] Agrawal Y, Kumar M G, Chandel R. *A novel unified model for copper and MLGNR interconnects using voltage- and current-mode signaling schemes* [J]. IEEE Trans. Electromagnetic Compatibility, 2017, 59(1): 217-227.

[23] Wirth G I, Vieira M G, Neto E H, et al. *Modeling the sensitivity of CMOS circuits to radiation induced single event transients* [J]. Microelectr. Reliab., 2008, 48: 29-36.

[24] Kumar V R, Kaushik B K, Patnaik A. *An accurate FDTD model for crosstalk analysis of CMOS-gate-driven coupled RLC interconnects* [J]. IEEE Trans. Electromagn C. 2014, 56(5): 1185-1193.

[25] Kaushik B K, S Sarkar. *Crosstalk analysis for a CMOS gate driven inductively and capacitively coupled interconnects* [J]. Microelectr. J., 2008, 39: 1834-1842.

[26] 朱樟明，钱利波，杨银堂. 一种基于纳米级CMOS工艺的互连线串扰RLC解析模型[J]. 物理学报，2009, 58(4): 2631-2636.

[27] 李建伟. 考虑工艺波动的互连线模型研究[D]. 西安：西安电子科技大学，2010.

[28] 刘思峰. 灰色系统理论及其应用（第六版）[M]. 北京：科学出版社，2013.

[29] Rai M K, Garg H, Kaushik B K. *Temperature-dependent modeling and crosstalk analysis in mixed carbon nanotube bundle interconnects* [J]. J. Electronic Materials, 2017, 46(8): 5324-5337.

[30] Sathyakam P U, Mallick P S, Saxena A A. *High-speed sub-threshold operation of carbon nanotube interconnects* [J]. IET Circ. Devices Syst., 2019, 13(4): 526-533.

[31] Zhao W S, Wang G F, Hu J, et al. *Performance and stability analysis of monolayer single-walled carbon nanotube interconnects* [J]. Int. J. Numer. Model., 2015, 28: 456-464.

[32] Schuster C E, Vangel M G, Schafft H A. *Improved estimation of the resistivity of pure copper and electrical determination of thin copper film dimensions* [J]. Microelectr. Rel., 2001, 41: 239-252.

[33] ITRS. *International Technology Roadmap for Semiconductor* (2013).

[34] Bhattacharya S, Das D, Rahaman H. *Reduced thickness interconnect model using GNR to avoid crosstalk effects* [J]. J Comput Electron, 2016, 15: 367-380.

第7章　工艺波动下的单粒子串扰效应

集成电路工艺进入超深亚微米尺度后，电路的规模与集成度日益增加，互连线的布局和设计已成为影响电路功能与性能的关键因素。同时，随着工艺尺寸的缩小，受制造工艺和掩膜工艺的限制，互连线结构参数的工艺波动在所难免，导致其物理结构偏离理想设计值，且这种波动对电路性能的影响越来越显著。因此，在电路设计和分析中需考虑互连线工艺波动的影响。互连线间耦合作用引起的单粒子串扰效应，会因为互连线的工艺波动而产生更复杂的不确定性。因此，开展互连线工艺波动对单粒子串扰效应影响的研究，对设计辐射环境下的专用集成电路具有重要意义。

本章首先探讨互连线工艺波动的来源，从时延、时钟偏差和串扰三个方面分析工艺波动对电路性能的影响，介绍三种常用的量化波动的方法；接着，结合实际的两线系统分析互连线结构波动对其寄生电学参数及串扰的影响；然后，利用极差分析法和方差分析法设计正交试验确定SEC的最佳/最坏工艺角，分析电流幅值、技术节点、互连线长度、温度对极限工艺角的影响；最后，基于灰色理论分析互连线寄生电学参数与串扰特征参数间的潜在关联性。

7.1　互连线工艺波动的来源及影响

在生产电子器件或集成电路的过程中，由于制造工艺和掩膜工艺的限制，不可避免地会导致电子器件或电路的实际结构参数偏离其设计值，即工艺差异、工艺波动或工艺变化，这里统一称为工艺波动。在现代半导体制造工艺下，芯片上的集成电路规模越来越大，集成度越来越高，其中最复杂的结构是互连线[1]。随着器件特征尺寸的不断缩小，互连线物理结构的工艺波动对电路性能的影响越来越显著，甚至会对高性能集成电路的设计时序产生巨大威胁[2]。研究表明，工艺波动会导致互连线传输时延与理想设计值的相对偏差高达10%[1-4]。

7.1.1　工艺波动的来源

由于一些不理想的影响因素或工艺限制，互连线的工艺波动会导致互连线的物理结构产生偏差。因此，工艺波动会直接导致互连线工艺参数发生变化。互连线的工艺参数主要是表征互连线几何结构及材料物理特性的参数，如导线的形状尺寸、间距，以及介质的分布、介电常数等[3]，互连线的电学性能则与其工艺参数密切相关。

一般而言，集成电路性能变化的来源主要包括时间和空间两个方面。时间方面主要是电路工作条件的变动或环境因素造成电路出现随时间变化的波动，如开关转换、温度波动和可靠性等；空间方面是由物理结构造成的变化，它不随时间变化，如电路设计、相邻环境和工艺条件引起的结构变化[2]。互连线的工艺波动就是由空间来源引起的电路性能变化。导致互连线工艺波动的因素主要有两个[2]：一是化学机械抛光（CMP）引起的互连线的厚度不均匀，二是光刻引起的线边缘粗糙（LER）或线宽度粗糙（LWR）[5-13]。工艺波动对互连线结构的影响如图7.1所示。

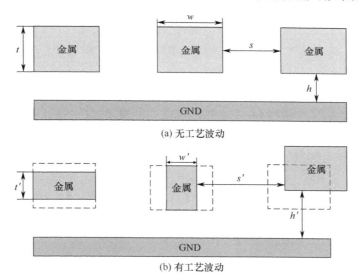

(a) 无工艺波动

(b) 有工艺波动

图7.1 工艺波动对互连线结构的影响

随着工艺尺寸的减小，互连线的参数变化趋势越来越大，在45nm技术节点下，互连线的宽度（w）和高度（h）的变化率高达35%[1]。而互连线结构参数的工艺波动会影响互连线的电学参数，使得寄生电阻、电容和电感产生波动，进而影响电路的性能，使得实际输出偏离设计值。

7.1.2 工艺波动的影响

随着半导体器件工艺进入超深亚微米尺度，互连线对集成电路、芯片性能的影响愈发显著，在互连线的建模、传输性能分析等方面，工艺波动的影响已是一个不得不考虑的问题。互连线工艺波动对电路性能和功能的影响主要表现在以下三个方面。

（1）传输时延。如第1章所述，在集成电路中，信号传输时延主要包括逻辑门时延和互连线时延。然而，随着电子技术的不断进步，互连线的时延占总时延的比重越来越大，甚至超过50%。而互连线的工艺波动会显著影响互连线的寄生电学参数（电阻、电容和电感），进而导致互连线时延发生变化。研究表明，工艺波动会导致互连线传输时延与设计值偏差10%。因此，若信号未在规定的时间内输出，则可能造成电路故障，特别是长线时延已成为集成电路总时延的关键部分。因此，在电路设计前期，设计者必须考虑工艺波动对信号传输时延的影响，以保证所设计的电路正常运转。

（2）时钟偏差。所谓时钟偏差，是指时钟信号到达时钟树的各个输出端的时间不同[2]。在同步时序电路中，时钟信号是一个关键因素，因此，时钟偏差的最小化应是电路设计优先考虑的问题，如采用一些对称时钟树结构来降低时钟偏差。然而，当互连线结构存在工艺波动时，即使是对称的时钟树结构，也会导致时钟到达同步电路的时间存在显著差异，导致实际输出值偏离设计值。

（3）串扰噪声。串扰噪声是由互连线间的能量耦合产生的，在集成电路中普遍存在，分为容性串扰和感性串扰。随着器件尺寸的不断缩小，串扰效应对信号传输产生的影响越来越显著。而串扰噪声与互连线的结构尺寸密切相关。因此，互连线的工艺波动会造成互连线的寄生电学参数、耦合电容、耦合电感发生变化，进而导致串扰噪声变化，甚至导致串扰噪声达到影响电路性能的程度。

7.1.3　工艺波动的量化方法

无论是制造工艺还是环境因素，均会使得互连线结构参数出现随机性，进而导致电学参数出现不确定性[14-15]。如何量化工艺波动对互连线性能的影响，是串扰、时延及信号完整性分析和研究需要首先解决的问题。

一般而言，由于人们的认知程度和获取信息的限制，不确定性量化主要考虑系统参数、模型及计算等不确定性因素对系统的影响，其中，参数不确定性量化方法分为统计型（如蒙特卡罗法）和随机数学型（扰动法、算子法、统计矩方程、PDF/CDF、广义多项式混沌法等）[15-18]。对于互连线的工艺波动，主要有以下三种方法来量化其不确定性[1]。

1）器件参数统计模型

所谓器件参数统计模型，是指考虑工艺波动进行多次试验或仿真，利用模型参数提取方法来获得器件参数的方法。这种方法的不足是，统计模型建立后，需要通过大量实际的仿真或试验来确定统计模型中的参数，计算成本较高，收敛速度较慢，且无法提供系统状态的随机变化规律。

2）敏感度分析法

敏感度分析法是指基于参数的相对变化来得到器件性能变化的统计情况。对图7.1所示的互连线而言，在式（5.22）的基础上，分析金属层厚度t、层间介质厚度h和线宽w。由于工艺波动对互连线的寄生电阻的影响，定义如下相对变化：

$$\Delta w = \frac{w'-w}{w}, \quad \Delta t = \frac{t'-t}{t}, \quad \Delta h = \frac{h'-h}{h} \tag{7.1}$$

因此，可以建立互连线结构参数相对变化与寄生电学参数之间的函数关系。寄生电阻可以表示为

$$R = [1 + f_R(\Delta w, \Delta t)]R_{nom} \tag{7.2}$$

式中，R_{nom}表示不考虑工艺波动影响的理想寄生电阻，f_R表示互连线工艺波动导致的物理结构变化与互连线寄生电学参数之间的函数关系，且

$$f_R(\Delta w, \Delta t) = [(1+\Delta w)(1+\Delta t)]^{-1} - 1 \tag{7.3}$$

该方法常用于验证电路的布局信息及其设计规则检查，难点在于如何高效准确地得到函数f_R对互连线结构参数的敏感度。

3）极限分析法

在电路系统中，典型的极限分析法是工艺角分析法[2, 16]。在半导体制造中，工艺角是一种典型的实验设计，可将工艺参数波动应用到集成电路的设计验证中。所谓工艺角，是指在保证芯片功能正确的基础上，所表现出来的参数波动的极端情况，包括最佳工艺角和最坏工艺角。对串扰而言，当受扰线得到的串扰电压峰值和脉冲宽度最小时，所对应的工艺波动组合被称为最佳工艺角；相反，当串扰电压峰值和脉冲宽度最大时，所对应的工艺波动组合称为最坏工艺角。

7.2　工艺波动对互连线电学特性的影响

如图7.2所示，在两线系统中，高能粒子入射反相器，产生瞬态脉冲，通过耦合作用在另一条电学不相干的互连线上产生串扰脉冲。其中，由于高能粒子入射产生瞬态脉冲的互连线称为施扰线，由于耦合作用产生串扰脉冲的互连线称为受扰线。

互连线采用RLC模型进行等效，参数提取见式（5.22），段数n选为30，高能粒子入射端采用注入双指数电流源的方式模拟，见式（3.19），τ_α和τ_β分别设为

250ps和10ps，累积电荷量为24fC，负载电容为0.5fF。反相器采用PMOS和NMOS串联结构，其中PMOS的宽度长度比为4∶1，NMOS的宽度长度比为2∶1。

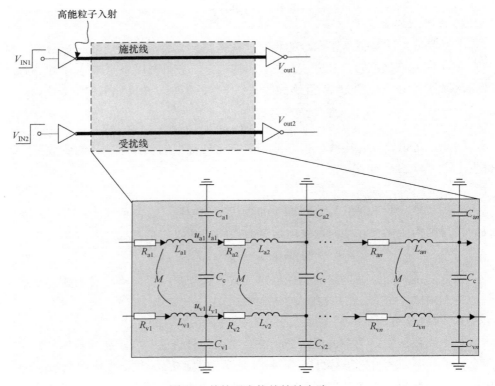

图7.2   单粒子串扰的等效电路

下面分析高能粒子诱发的SET脉冲在互连线上传播时，工艺波动对互连线的寄生电学参数的影响，主要包括寄生电阻R、寄生电感L、寄生电容C_g、耦合电感M和耦合电容C_c。最后分析工艺波动对单粒子串扰（SEC）效应的影响。

假设互连线结构参数w，s，h，t的波动范围为±10%[2-4, 16, 18]，技术节点为45nm，互连线的类型为全局型，长度为1000μm，无波动的互连线结构参数见表2.1。根据式（5.22），可得到互连线参数出现波动时，图7.2中互连线寄生电阻、电感、电容的变化情况，如图7.3至图7.7所示。

7.2.1   互连线的寄生电阻

由式（5.22）可知，寄生电阻R、寄生电感L仅与w，t相关，且当w，t的波动均是最大值（最小值）时，寄生电阻R出现极小值（极大值），由图7.3得到的结论也是一致的。当w和t出现±10%的工艺波动时，互连线的寄生电阻相对增加的最大值为23.46%，相对减小的最大值为17.36%，表明尽管互连线结构参数仅波动10%，但导致寄生电阻偏离设计值的相对范围却接近20%。

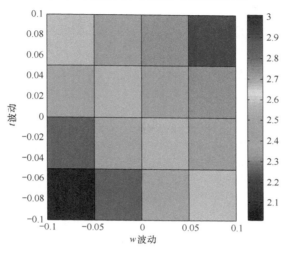

图7.3　工艺波动对寄生电阻R的影响（单位：Ω）

7.2.2　互连线的寄生电感

由图7.4可知，当w，t的波动均是最大值（最小值）时，寄生电感L出现极小值（极大值）。结果表明，尽管w和t出现10%的工艺波动，但寄生电感的相对变化较小（仅约为2%），因此互连线结构参数的波动对寄生电感的影响较弱。

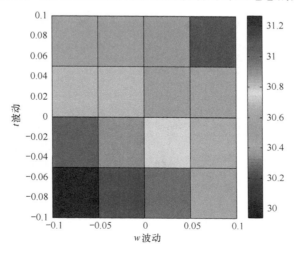

图7.4　工艺波动对寄生电感L的影响（单位：pH）

7.2.3　互连线的寄生电容

由图7.5可见，寄生电容C_g受t的影响较弱，且随着w的增大而增加。w波动 $\pm 10\%$，C_g的相对变化范围约为$\pm 7\%$。当h为最小值、s为最大值时，寄生电容C_g 出现极大值；当h为最大值、s为最小值时，寄生电容C_g出现极小值，其中h的变 化对C_g的影响更显著。s和h出现$\pm 10\%$的工艺波动时，C_g的相对变化范围为 $-8.5\% \sim +9.7\%$。结果表明，当互连线的四个结构参数出现10%的工艺波动时， 寄生电容的波动小于10%。

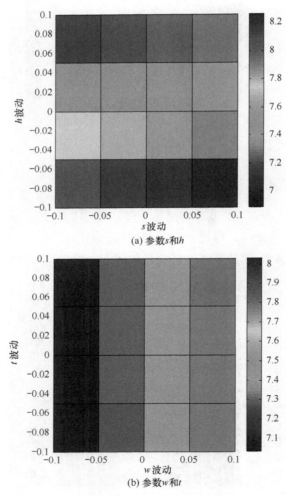

图7.5　工艺波动对寄生电容C_g的影响（单位：fF）

7.2.4　互连线的耦合电容

由图7.6可知，当h为最大值、s为最小值时，耦合电容C_c出现极大值；当h为最小值、s为最大值时，C_c出现极小值，其中s的变化对C_c的影响更显著。当w和t均为最大值时，C_c出现极大值；当w，t均为最小值时，C_c出现极小值，其中t的变化对C_c的影响相对显著。s和h对C_c的影响要大于w，t对C_c的影响。s，h波动±10%，C_c偏离设计值的相对范围为−10.63%～12.86%；w，t波动±10%，C_c相对波动约±9%。

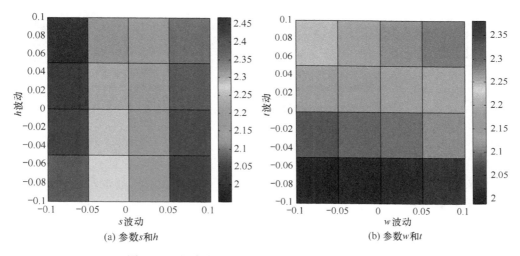

(a) 参数s和h　　　　　　　　　　　(b) 参数w和t

图7.6　工艺波动对耦合电容C_c的影响（单位：fF）

7.2.5　互连线的耦合电感

寄生电容C_g和耦合电容C_c与w，s，h，t均有关，耦合电感M仅与s相关。耦合电感与寄生电感的比值表示感性串扰的耦合系数，其值越大，感性耦合就越强；反之，感性耦合就越弱。由图7.7可见，耦合系数仅与s，w，t有关，随着s的减小而增大，但随着w，t的减小而减小，且耦合系数的波动范围较小，约为±3%。

由上述分析可知，互连线结构参数的工艺波动对其电学参数的影响也是不一样的，有些参数会导致显著波动，而有些参数导致的波动不大。那么互连线结构参数的工艺波动对串扰会产生什么样的影响？在上述互连线结构参数工艺波动对互连线电学参数影响分析的基础上，采用式（6.6）和式（6.5）定义的串扰峰值及脉冲宽度与电压峰值的乘积（即噪声面积）来表征SEC。也就是说，可通过分析不同工艺波动的互连线参数所对应的串扰电压峰值和噪声面积，来考察工艺波动对SEC的影响。

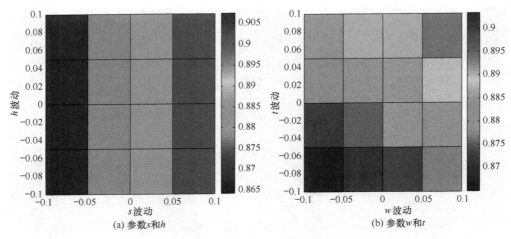

(a) 参数s和h　　　　　　　　　　(b) 参数w和t

图7.7　工艺波动对耦合电感与寄生电感比值的影响

7.2.6　串扰效应

为不失一般性，对45nm技术节点下的全局互连线，分别从单一工艺参数波动、多个参数共同波动以及互连线长度等方面，分析互连线工艺波动对单粒子串扰的影响。互连线的参数及单粒子瞬态产生电路如图7.2所示。

假设互连线的四个结构参数仅有一个发生波动，其他三个参数均是理想值，则得到受扰线远端的串扰电压峰值及噪声面积如图7.8所示。由图可见，串扰电压峰值和噪声面积均随着s或w的工艺波动从−10%增至10%时，呈减小趋势，这意味着s或w值的增加会导致串扰减弱。相反，t或h值的增加会导致串扰增强。当s, w, t, h的波动分别从−10%增至10%时，串扰的电压峰值相对变化分别为17.06%、11.45%、13.16%和20.34%，噪声面积的相对变化分别为16.09%、14.50%、11.60%和24.98%。可见，h，s的波动对串扰的影响作用较大，而w，t的波动对串扰的影响作用相对较小。

下面分析互连线结构的两个参数同时出现波动时对串扰的影响，结果如图7.9和图7.10所示。

由图可见，当s为最小值、h为最大值时，串扰的电压峰值和噪声面积出现极大值，此时对应的串扰效应最强；当s为最大值、h为最小值时，串扰的电压峰值和噪声面积出现极小值，此时对应的串扰效应最弱。

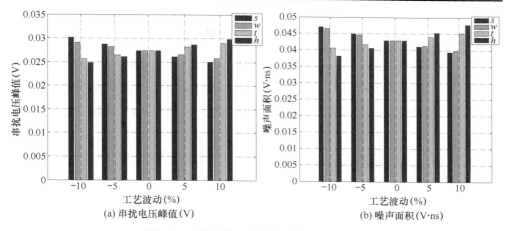

(a) 串扰电压峰值(V)　　　　　　　　(b) 噪声面积(V·ns)

图7.8　互连线单一参数波动对SEC的影响

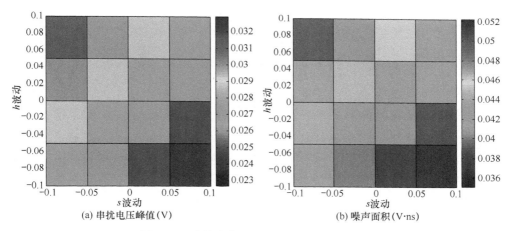

(a) 串扰电压峰值(V)　　　　　　　　(b) 噪声面积(V·ns)

图7.9　互连线参数s, h同时波动对SEC的影响

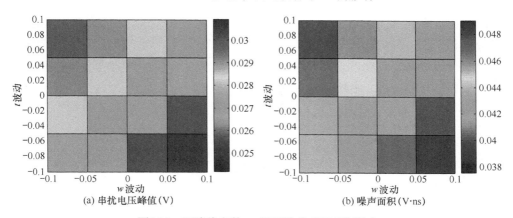

(a) 串扰电压峰值(V)　　　　　　　　(b) 噪声面积(V·ns)

图7.10　互连线参数w, t同时波动对SEC的影响

对于w和t同时变化的情况，串扰的变化趋势类似，即串扰随着w的减小而增强，随着t的增大而增强，且s, h对串扰的影响要大于w, t对串扰的影响。s, h波动±10%，串扰峰值偏离理想值的相对范围为−17.04%～20.37%，噪声面积偏离理想值的相对范围为−18.33%～21.62%；w, t波动±10%，串扰峰值偏离理想值的相对范围为−11.63%～12.95%，噪声面积偏离理想值的相对范围为−12.57%～14.14%。

由上面的分析可知，互连线结构的工艺波动导致互连线的寄生电学参数偏离理想设计值，进而导致单粒子串扰效应发生变化，这种变化有可能会增大串扰效应对电路性能的影响，也有可能减弱串扰效应的影响。同时，由于互连线结构参数较多，导致SEC的影响因素较多，因此，如何量化互连线结构参数波动对SEC的影响是电路设计者首先要解决的问题。对于影响因素较多的情况，可以采用极差分析法来量化工艺波动的影响，进而确定SEC的工艺角。

7.3　工艺波动下工艺角的确定方法

工艺角在半导体制造中的试验设计中有着广泛的应用。例如，为了检验集成电路设计的鲁棒性，在前期电路设计阶段会设计若干工艺角，使得这些工艺参数组合出极端条件，然后改变环境条件，如供应电压、环境温度、时钟频率等，进而给出明确的电路可正常工作的临界点。工艺角分析可用来寻找互连关键尺寸变化对互连寄生参数的影响，得到互连线的最优和最坏串扰，即串扰极值。工艺角分析通常在集成电路静态时序分析（Static Timing Analysis，STA）之前进行，因为这样做可大幅提高STA的可靠性。

下面首先介绍工艺角分析中常用的极差分析法，接着设计正交试验，利用极差分析法对SEC的电压峰值和噪声面积进行极差分析。为了弥补极差分析的不足，进一步提高分析精度，要精确量化各因素对SEC影响的重要程度，对正交试验结果进行方差分析，最后确定SEC的极限工艺角。

7.3.1　极差分析法

极差分析法又称直观分析法[19]，简称R法，具有计算简单、直观形象、过程易懂等优点，是正交试验结果分析最常用的方法。极差分析法包括计算和判断两个步骤，如图7.11所示。

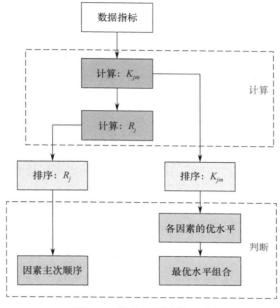

图7.11 极差分析法的步骤

在图7.11中，计算包括K_{jm}和R_j两部分，K_{jm}表示数据指标中第j列因素m水平所对应的数据指标和，R_j表示第j列因素的极差，即第j列因素各水平下数据指标最大值与最小值之差：

$$R_j = \max(K_{j1}, K_{j2}, \cdots, K_{jm}) - \min(K_{j1}, K_{j2}, \cdots, K_{jm}) \qquad (7.4)$$

对计算结果排序，即可判断因素对数据指标的影响。由K_{jm}的大小可判断第j列因素的优水平和各因素的优水平组合，即最优组合；R_j反映第j列因素的水平变动时数据指标的变化幅度。R_j越大，表明该因素对数据指标的影响越大，也越重要；反之，表明该因素对数据指标的影响越小，也越不重要。因此，由R_j的大小可判断因素的主次顺序。

极差分析法的计算与判断可基于试验结果分析表来进行。关于极差分析法的具体计算和判断过程，见下一节中的例子。

7.3.2 SEC极限工艺角的分析

由于互连线结构参数（w, s, h, t）发生工艺波动时会导致互连线的电学寄生参数发生变化，由式（5.22）可知，参数之间是相互影响的，因此，对串扰的影响并不一定由某个电学参数的极值决定，其他电学参数对串扰也有同样的影响。由6.3.2节的关联性分析可知，串扰电压与互连线的寄生电阻、耦合电容密切相关，最小的金属层厚度t会使电阻达到最大值，而耦合电容却达到最小值，所以串扰电压的极值并不总对应于互连线电阻或耦合电容的极大值或极小值。因此，最佳/最坏工艺角一般并不总对应于互连线结构尺寸的极限情况。

具体而言，确定SEC的极限工艺角的步骤如下：

（1）确定互连线的技术节点及工艺尺寸的波动范围。

（2）构建互连线寄生电学参数提取模型，确定电学参数与互连线工艺尺寸之间的函数关系。

（3）搭建SEC等效电路，确定SEC的表征参数，如电压峰值、脉冲宽度、噪声面积等。

（4）设计正交试样，利用极差分析法确定最佳/最坏工艺角。

7.3.3　SEC正交试验设计及极差分析

基于极差分析法，确定互连线工艺波动条件下单粒子串扰的极限工艺角。对互连线的四个物理尺寸工艺波动设置三个水平：−10%、0和10%，采用$L_9(3^4)$正交表进行正交试验，由SPICE仿真得到受扰线远端的串扰电压，进而得到峰值及噪声面积，如表7.1所示。

表7.1　串扰极限工艺角正交试验方案及结果

实　验　号	因　素				电压峰值（V）	噪声面积（V·ns）
	w	t	s	h		
1	1(−10%)	1(−10%)	1(−10%)	1(−10%)	0.0274	0.0430
2	1	2(0)	3(10%)	2(0)	0.0266	0.0428
3	1	3(10%)	2(0)	3(10%)	0.0337	0.0542
4	2(0)	1	3	3	0.0257	0.0415
5	2	2	2	1	0.0248	0.0382
6	2	3	1	2	0.0320	0.0495
7	3(10%)	1	2	2	0.0242	0.0376
8	3	2	1	3	0.0311	0.0485
9	3	3	3	1	0.0227	0.0343

1）确定因素的优水平和最优水平组合

首先分析w各水平对电压峰值的影响。由表7.1可知，w_1的作用只反映在1～3号实验中，w_2的作用只反映在4～6号实验中，w_3的作用只反映在7～9号实验中。由此可得w因素1水平对应的电压峰值之和为

$$Kw_1 = x_1 + x_2 + x_3 = 0.0274 + 0.0266 + 0.0337 = 0.0877$$

w因素2水平所对应的电压峰值之和为

$$Kw_2 = x_4 + x_5 + x_6 = 0.0257 + 0.0248 + 0.0320 = 0.0825$$

w因素3水平所对应的电压峰值之和为

$$Kw_3 = x_7 + x_8 + x_9 = 0.0242 + 0.0311 + 0.0227 = 0.0780$$

由表7.1可以看出，在考察w因素的三组实验中，其他三个因素各水平均只出现一次，且它们之间无交互作用，所以其他三个因素各水平的不同组合对电压峰值无影响，因此，对w_1，w_2，w_3来说，三组实验的条件完全一样。若w对电压峰值无影响，则Kw_1，Kw_2，Kw_3应该相等，而由上面的计算结果看出这三个值并不相同。显然，这是由w变化水平引起的。因此，Kw_1，Kw_2，Kw_3的大小反映了w_1，w_2，w_3对电压峰值影响的大小。由于电压峰值越小越好，而$Kw_3 < Kw_2 < Kw_1$，因此可以判断w_3为w因素的优水平。

同理，可以判断t_1，s_3，h_1分别为t，s，h的优水平，而w，s，h，t的优水平组合$w_3t_1s_3h_1$即为本实验电压峰值的最优水平组合，即电压峰值的最优工艺角条件为w增加10%、t减少10%、s增加10%、h减少10%。

上述K_{jm}的计算与优水平判断如表7.2所示。对于噪声面积，计算结论与电压峰值的一致。

表7.2　串扰电压峰值极限工艺角正交试验结果极差分析

实 验 号	因　素				电压峰值（V）
	w	t	s	h	
1	1(−10%)	1(−10%)	1(−10%)	1(−10%)	0.0274
2	1	2(0)	3(10%)	2(0)	0.0266
3	1	3(10%)	2(0)	3(10%)	0.0337
4	2(0)	1	3	3	0.0257
5	2	2	2	1	0.0248
6	2	3	1	2	0.0320
7	3(10%)	1	2	2	0.0242
8	3	2	1	3	0.0311
9	3	3	3	1	0.0227
K_{j1}	0.0877	0.0772	0.0904	0.0749	$T = \sum_{i=1}^{9} x_i = 0.2482$
K_{j2}	0.0824	0.0825	0.0827	0.0828	
K_{j3}	0.0780	0.0884	0.0750	0.0904	$\bar{x} = \dfrac{T}{9} = 0.0276$
优水平	w_3	t_1	s_3	h_1	
R_j	0.0097	0.0112	0.0154	0.0155	
主次顺序	h　s　t　w				

2）确定因素主次顺序

极差R_j可按式（7.4）计算，结果如表7.2所示。比较各R值可见，$R_h > R_s > R_t > R_w$，因此可以确定因素对电压峰值影响的主次顺序为$h > s > t > w$，即介质高度h的影响最大，线间距s的影响中等，而线宽w的影响最小。

噪声面积的影响因素主次顺序与电压峰值的一致，下面只讨论电压峰值。

3）绘制因素水平与指标趋势图

为了更直观地反映因素对电压峰值的影响规律和趋势，以因素水平为横坐标、以电压峰值（K_{jm}）为纵坐标绘制了因素与指标趋势图（也称关系图），如图7.12所示。

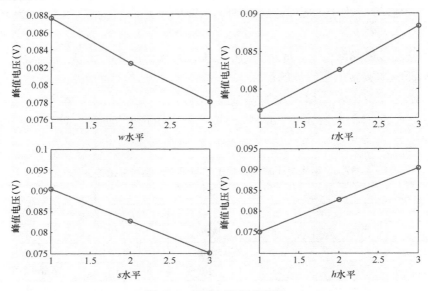

图7.12　因素与指标趋势图

极差分析简单易行，但并不能区分试验中由试验条件改变引起的数据波动与由试验误差引起的数据波动。也就是说，不能区分因素各水平间对应的试验结果的差异究竟是由因素水平不同引起的，还是由试验误差引起的。因此，试验的精度无法确定。此外，各因素对试验结果影响的重要程度也不能得到精确的数量估计。为了弥补这些不足，要对正交试验结果进行方差分析。

7.3.4　方差分析及SEC极限工艺角

在方差分析中，考虑的影响因素包括四个（$w, t, s\ h$），还要考虑交互作用$h×s$，$h×t$，$s×t$。

1）正交表的选择

这里是一个四因素三水平试验，四个因素在正交表中各占一列，共4列。因为因素的水平数为3，所以每个交互作用在正交表中占用2列。要考虑的交互作用有三个，共占用6列。因此，选用的三水平正交表至少要有10列。在满足该条件的三水平正交表中，$L_{27}(3^{13})$最小，因此选用该正交表来进行试验。

2）正交试验的表头设计

为方便表述，将影响因素h, s, t, w分别记为A, B, C, D。因此，考虑的交互作用可写为$A \times B, A \times C, B \times C$。将因素$A, B$分别放到正交表的$L_{27}(3^{13})$的第1，2列上，查$L_{27}(3^{13})$两列间的交互作用表可知$A \times B$占用第3，4列；将因素$C$放在第5列上，查$L_{27}(3^{13})$两列间的交互作用表可知$A \times C$占用第6，7列，$B \times C$占用第8，11列；剩下的第9，10，12，13列可随意放因素D，这里将因素D放在第9列上，第10，12，13列为空白列，从而得到正交试验的表头设计如表7.3 所示。

表7.3 正交试验的表头设计

因　素	A	B	$A \times B$	$A \times B$	C	$A \times C$	$A \times C$	$B \times C$	D		$B \times C$		
列　号	1	2	3	4	5	6	7	8	9	10	11	12	13

3）确定试验方案进行试验

按照设计的正交试验表头，根据正交表$L_{27}(3^{13})$及表中放置的单因素的第1，2，5，9列确定整个试验计划，表$L_{27}(3^{13})$的每行都确定一个试验方案。按表中的要求设置不同因素的水平值，完成27个试验，并将试验结果（包括SEC的电压峰值和噪声面积）分别记录在表7.4和表7.5中的最右一列。

4）计算各因素不同水平的试验结果之和（K_{ij}）及其偏差平方和（S_j）

一般来说，假设用正交表$L_n(r^t)$进行试验，得到的试验结果为$y_1, y_2, \cdots, y_n$，则K_{ij}表示第j列上水平号为i的各试验结果之和，因素j第i水平的试验结果的平均值为$\overline{K_{ij}} = \dfrac{r}{n} K_{ij}$，试验结果总和为$T = \sum\limits_{i=1}^{n} y_i$。

任意一列的偏差平方和S_j与自由度f_j分别表示为

$$S_j = \frac{r}{n} \sum_{i=1}^{r} K_{ij}^2 - \frac{T^2}{n}, \qquad f_j = r - 1$$

根据上述计算，得到K_{ij}及S_j，最终结果如表7.4和表7.5所示。

表 7.4　SEC 的电压峰值的试验与计算表

因素 试验号	A	B	A×B	A×B	C	A×C	A×C	B×C	D	B×C			串扰峰值（V）
1	1	1	1	1	1	1	1	1	1	1	1	1	0.0274
2	1	1	1	1	2	2	2	2	2	2	2	2	0.0274
3	1	1	1	1	3	3	3	3	3	3	3	3	0.0274
4	1	2	2	2	1	1	1	2	2	2	3	3	0.0232
5	1	2	2	2	2	2	2	3	3	3	1	1	0.0234
6	1	2	2	2	3	3	3	1	1	1	2	2	0.0281
7	1	3	3	3	1	1	1	3	3	3	2	2	0.0200
8	1	3	3	3	2	2	2	1	1	1	3	3	0.0242
9	1	3	3	3	3	3	3	2	2	2	1	1	0.0241
10	2	1	2	2	1	2	2	3	1	3	2	3	0.0283
11	2	1	2	2	2	3	3	1	2	1	3	1	0.0284
12	2	1	2	2	3	1	1	2	3	2	1	2	0.0340
13	2	2	3	3	1	2	2	1	3	2	3	1	0.0242
14	2	2	3	3	2	3	3	2	1	3	1	2	0.0291
15	2	2	3	3	3	1	1	3	2	1	2	3	0.0290
16	2	3	1	1	1	2	2	2	3	1	3	1	0.0249
17	2	3	1	1	2	3	3	3	1	2	1	2	0.0250
18	2	3	1	1	3	1	1	1	2	3	2	3	0.0250
19	3	1	3	3	1	3	3	2	3	2	1	3	0.0292
20	3	1	3	3	2	1	1	3	1	3	2	1	0.0350
21	3	1	3	3	3	2	2	1	2	1	3	2	0.0348
22	3	2	1	1	1	3	3	3	1	3	2	1	0.0299

（续表）

试验号＼因素	A	B	A×B	A×B	C	A×C	A×C	B×C	D		B×C			串扰峰值（V）
23	3	2	1	3	2	1	3	3	2	1	1	3	2	0.0299
24	3	2	1	3	3	2	1	1	3	2	2	1	3	0.0299
25	3	3	2	1	1	3	2	3	2	1	2	1	3	0.0256
26	3	3	2	1	2	1	3	1	3	2	3	2	1	0.0258
27	3	3	1	1	3	2	1	2	1	3	1	3	2	0.0308
K_{1j}	0.2252	0.2719	0.2467	0.2466	0.2327	0.2494	0.2487	0.2469	0.2635	0.2477	0.2473	0.2487	0.2478	$T=0.7442$
K_{2j}	0.2481	0.2467	0.2477	0.2488	0.2483	0.2479	0.2478	0.2481	0.2474	0.2477	0.2485	0.2485	0.2486	
K_{3j}	0.2709	0.2256	0.2498	0.2487	0.2632	0.2469	0.2478	0.2492	0.2333	0.2488	0.2485	0.2470	0.2478	
S_j	0.0001	0.0001	5.29e-7	3.39e-7	5.18e-5	3.70e-5	6.39e-8	2.97e-7	5.09e-5	8.58e-8	1.11e-7	1.77e-7	4.78e-8	

表 7.5　SEC 的噪声面积的试验与计算表

试验号＼因素	A	B	A×B	A×B	C	A×C	A×C	B×C	D		B×C			噪声面积（V·ns）
1	1	1	1	1	1	1	1	1	1	1	1	1	1	0.0430
2	1	1	1	1	2	2	2	2	2	2	2	2	2	0.0419
3	1	1	1	1	3	3	3	3	3	3	3	3	3	0.0408
4	1	2	2	2	1	1	2	2	2	2	3	3	3	0.0360
5	1	2	2	2	2	2	3	3	3	3	1	1	1	0.0353
6	1	2	2	2	3	3	1	1	1	1	2	2	2	0.0438
7	1	3	3	3	1	2	2	3	1	3	2	2	2	0.0305
8	1	3	3	3	2	3	1	1	2	1	3	3	3	0.0381
9	1	3	3	3	3	1	2	2	3	2	1	1	1	0.0371

（续表）

试验号 \ 因素	A	B	A×B	A×B	C	A×C	A×C	B×C	D	B×C	B×C			噪声面积 (V·ns)
10	2	1	2	3	1	2	3	1	2	3	1	2	3	0.0445
11	2	1	2	3	2	3	1	2	3	1	2	3	1	0.0436
12	2	1	2	3	3	1	2	3	1	2	3	1	2	0.0536
13	2	2	3	1	1	2	3	2	3	1	3	1	2	0.0376
14	2	2	3	1	2	3	1	3	1	2	1	2	3	0.0466
15	2	2	3	1	3	1	2	1	2	3	2	3	1	0.0453
16	2	3	1	2	1	2	3	3	1	2	2	3	1	0.0404
17	2	3	1	2	2	3	1	1	2	3	3	1	2	0.0395
18	2	3	1	2	3	1	2	2	3	1	1	2	3	0.0386
19	3	1	3	2	1	3	2	1	3	2	1	3	2	0.0460
20	3	1	3	2	2	1	3	2	1	3	2	1	3	0.0565
21	3	1	3	2	3	2	1	3	2	1	3	2	1	0.0548
22	3	2	1	3	1	3	2	2	1	3	3	2	1	0.0488
23	3	2	1	3	2	1	3	3	2	1	1	3	2	0.0477
24	3	2	1	3	3	2	1	1	3	2	2	1	3	0.0466
25	3	3	2	1	1	3	2	3	2	1	2	1	3	0.0415
26	3	3	2	1	2	1	3	1	3	2	3	2	1	0.0408
27	3	3	2	1	3	2	1	2	1	3	1	3	2	0.0499
K_{1j}	0.3465	0.4247	0.3873	0.3872	0.3681	0.3919	0.3905	0.3875	0.4207	0.3887	0.3887	0.3906	0.3890	
K_{2j}	0.3896	0.3877	0.3890	0.3908	0.3900	0.3891	0.3890	0.3899	0.3882	0.3888	0.3900	0.3903	0.3905	
K_{3j}	0.4326	0.3564	0.3924	0.3907	0.4106	0.3876	0.3891	0.3912	0.3598	0.3911	0.3900	0.3878	0.3892	$T=1.1687$
S_j	0.0004	0.0003	1.49e-6	9.40e-7	0.0001	1.05e-6	1.54e-7	7.84e-7	0.0002	4.06e-7	1.35e-7	5.24e-7	1.34e-7	

5）方差分析

要进行方差分析，需要得到各因素及交互作用下的平方和、自由度、均方和及对应的F值，进而根据F分布判断因素影响的显著性。

在表7.4和表7.5中，各影响因素及交互作用的平方和与自由度分别为

$$S_A = S_1, \quad S_B = S_2, \quad S_C = S_5, \quad S_D = S_9$$

$$f_A = f_1 = 2, \quad f_B = f_2 = 2, \quad f_C = f_5 = 2, \quad f_D = f_9 = 2$$

$$S_{A \times B} = S_3 + S_4, \quad f_{A \times B} = f_3 + f_4 = 4$$

$$S_{A \times C} = S_6 + S_7, \quad f_{A \times C} = f_6 + f_7 = 4$$

$$S_{B \times C} = S_8 + S_{11}, \quad f_{B \times C} = f_8 + f_{11} = 4$$

误差（空白列）为

$$S_e = S_{10} + S_{12} + S_{13}, \quad f_e = f_{10} + f_{12} + f_{13} = 6$$

根据 $\overline{S_j} = S_j / f_j$ 计算各因素及各交互作用的均方和 $\overline{S_j}$，如表7.6和表7.7所示。

表7.6　SEC电压峰值方差分析表

方差来源	平方和S	自由度f	均方和$\overline{S_j}$	F值	显　著　性
A	0.0001	2	5.82e-5	1125.64	**
B	0.0001	2	5.99e-5	1158.70	**
C	5.18e-5	2	2.59e-5	500.98	**
D	5.09e-5	2	2.54e-5	491.72	**
$A \times B$	8.68e-7	4	2.17e-7	4.20	（*）
$A \times C$	4.34e-7	4	1.09e-7	2.10	
$B \times C$	4.08e-7	4	1.02e-7	1.97	
误差e	3.10e-7	6	5.17e-8		

表7.7　SEC噪声面积方差分析表

方差来源	平方和S	自由度f	均方和$\overline{S_j}$	F值	显　著　性
A	0.0004	2	0.0002	1164.34	**
B	0.0003	2	0.0001	733.85	**
C	1.01e-04	2	5.03e-05	284.30	**
D	2.06e-04	2	0.0001	581.44	**
$A \times B$	2.43e-06	4	6.07e-07	3.43	（*）
$A \times C$	1.20e-06	4	3.01e-07	1.70	
$B \times C$	9.19e-07	4	2.30e-07	1.30	
误差e	1.06e-06	6	1.77e-07		

F值的计算公式为 $F_{因} = \dfrac{S_{因}/f_{因}}{S_e/f_e} \sim F(f_{因}, f_e)$。查$F$分布表，得

$$F_{1-0.05}(2, 6) = 5.14, \quad F_{1-0.01}(2, 6) = 10.92$$

$$F_{1-0.10}(4, 6) = 3.18, \quad F_{1-0.05}(4, 6) = 4.53, \quad F_{1-0.01}(4, 6) = 9.15$$

比较F值与查F分布表所得的（临界）值，就可得出各因素及各交互作用对试验结果影响的显著性，如表7.6和表7.7所示。由结果可见，因素A, B, C, D对SEC电压峰值和噪声面积的影响都是高度显著的，交互作用$A×B$有一定的影响，但交互作用$A×C$和$B×C$的影响不显著。

综上所述，互连线结构的四个参数均对SEC产生显著影响，且h和s的交互作用也产生一定的影响，交互作用$h×t$和$s×t$的影响不显著。综合极差分析和方差分析，可得互连线结构参数工艺波动时互连线的电学参数、串扰效应的最佳/最坏工艺角情况，如表7.8所示。

表7.8　工艺波动下互连线寄生电学参数及SEC的工艺角

参　数	w	t	s	h
R—min	max	max	—	—
R—max	min	min	—	—
L—min	max	max	—	—
L—max	min	min	—	—
C_g—min	min	min	min	max
C_g—max	max	max	max	min
C_c—min	min	min	max	min
C_c—max	max	max	min	max
M/L—min	min	min	max	—
M/L—max	max	max	min	—
最佳工艺角	min	max	min	max
最坏工艺角	max	min	max	min

7.4　单粒子串扰的极限工艺角分析

基于7.3节得到的SEC极限工艺角条件，从电压峰值、噪声面积及受扰施扰电压比值（受施压比）等角度，在互连线工艺波动下，分析技术节点、粒子能量、互连线参数等对SEC的影响，进而得到不同条件下SEC的最佳工艺角、最坏工艺角，为辐射环境中集成电路的设计提供技术支持。

本节的基本参数设置如下：两线系统，反相器采用PMOS和NMOS串联结构，其中PMOS的宽度长度比为4:1，NMOS的宽度长度比为2:1，无波动的互连

线的结构参数见表2.1，互连线结构参数w, s, h, t的波动范围为±10%，互连线采用RLC模型进行等效，参数提取见式（5.22），其中段数n选为30，高能粒子入射端采用注入双指数电流源的方式模拟，见式（3.19），τ_α和τ_β分别设为250ps和10ps，负载电容为0.5fF。SEC最佳工艺角用Best-case表示，最坏工艺角用Worst-case表示，无工艺波动用Ideal-case表示。

7.4.1 电流幅值的影响

对45nm技术节点，互连线的长度为1000μm，类型为全局型，改变双指数电流源幅值，变化范围为100～1000μA，得到电流幅值对SEC的影响如图7.13所示。

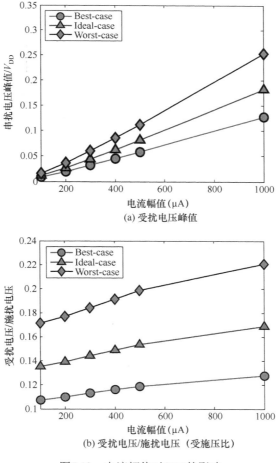

(a) 受扰电压峰值

(b) 受扰电压/施扰电压（受施压比）

图7.13 电流幅值对SEC的影响

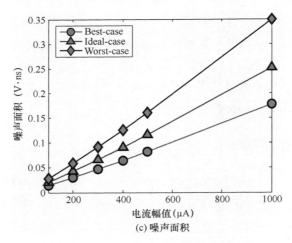

图7.13　电流幅值对SEC的影响（续）

　　由图7.13可知，随着电流幅值的增加，互连线工艺波动对SEC的影响显著性愈加显著，且最坏工艺角的增长率要高于最佳工艺角和无波动时的增长率。当电流幅值为100μA时，相对于无波动情况，最佳工艺角、最坏工艺角的电压峰值相对变化分别是−26.49%和34.45%（变化为负表示减少，变化为正表示增加），噪声面积相对变化分别是−28.82%和36.93%，受施压比的相对变化分别是−20.87%和26.45%；当电流幅值为1000μA时，相对于无波动情况，最佳工艺角、最坏工艺角的电压峰值相对变化分别是−29.76%和39.33%，噪声面积的相对变化分别是−29.49%和38.99%，受施压比的相对变化分别是−24.30%和30.76%，如表7.9所示。因此，虽然互连线结构参数的波动范围为±10%，但无论电流幅值多大，导致的SEC变化范围却大于20%，且相对变化随着电流幅值的增加呈增大趋势。当电流幅值从100μA增至1000μA时，最佳工艺角、无波动和最坏工艺角的SEC电压峰值分别增加到原来的12.93倍、13.66倍和14.14倍，受施压比分别增加19.01%、24.41%和28.63%，噪声面积分别增加到原来的11.32倍、11.46倍和11.62倍。在最坏工艺角条件下，SEC相对增加更快，因此在电路设计制造中，应合理控制互连线参数，减小最坏工艺角发生的概率，进而减弱串扰效应的影响。

表7.9　不同电流幅值下工艺波动对SEC的影响情况

电流幅值（μA）	电压峰值		受施压比		噪声面积	
	100	1000	100	1000	100	1000
最佳工艺角	−26.49%	−29.76%	−20.87%	−24.30%	−28.82%	−29.49%
最坏工艺角	34.45%	39.33%	26.45%	30.76%	36.93%	38.99%

7.4.2　技术节点的影响

互连线长度为1000μm，类型为全局型，双指数电流源的幅值为200μA，考虑的技术节点有90nm、65nm、45nm、32nm、22nm和16nm，得到的SEC如图7.14所示。

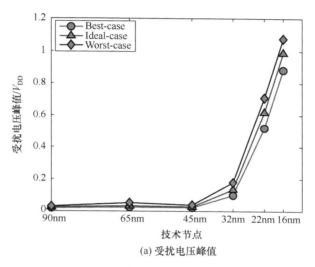

(a) 受扰电压峰值

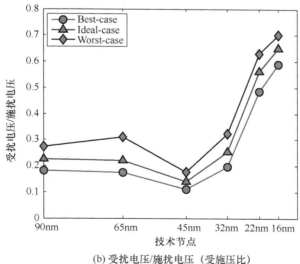

(b) 受扰电压/施扰电压（受施压比）

图7.14　不同技术节点的SEC

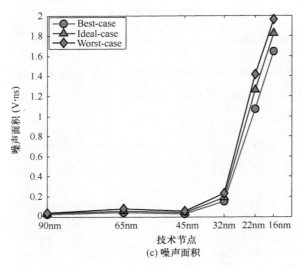

(c) 噪声面积

图7.14　不同技术节点的SEC（续）

由图7.14可知，随着技术节点的不断缩小，SEC的电压峰值、噪声面积呈增加趋势，在45nm技术节点之前，SEC变化不太显著，但在技术节点小于45nm后，SEC大幅度增加，如表7.10所示。

表7.10　不同技术节点下工艺波动对SEC的影响情况

技术节点	电压峰值		受施压比		噪声面积	
	最佳工艺角	最坏工艺角	最佳工艺角	最坏工艺角	最佳工艺角	最坏工艺角
90nm	−20.40%	21.21%	−19.45%	21.89%	−18.50%	20.07%
65nm	−23.35%	58.94%	−20.88%	41.12%	−20.71%	42.29%
45nm	−26.89%	35.48%	−21.07%	26.87%	−28.98%	37.90%
32nm	−26.28%	33.39%	−22.28%	27.47%	−20.20%	20.58%
22nm	−16.25%	14.55%	−13.65%	11.87%	−14.78%	12.27%
16nm	−10.75%	8.95%	−9.44%	7.91%	−9.73%	7.62%

由表7.10可见，尽管SEC随着技术节点的缩小而显著增强，但互连线工艺的波动对SEC的影响却呈减小趋势。例如，与无波动情况相比，最佳工艺角条件下的电压峰值在90nm技术节点下的相对变化为−20.40%，而在16nm技术节点下的相对变化仅为−10.75%，与互连线工艺的波动范围相当。最坏工艺角也呈类似的变化趋势。因此，互连线结构的工艺波动会对大尺寸技术节点下电路的SEC产生较为显著的影响，而在小尺寸特别是不到45nm的技术节点下，工艺波动对SEC的影响相对较弱。尽管技术节点的减小会提高器件的性能，但同时也会带来更显著的串扰噪声。因此，在小尺寸集成电路的布线设计中，要重点考虑串扰效应。

7.4.3　互连线长度的影响

设互连线的长度变化范围为100～1500μA，类型为全局型，双指数电流源的幅值为200μA，对45nm、32nm、22nm和16nm技术节点下的SEC进行分析，结果如图7.15至图7.18所示。

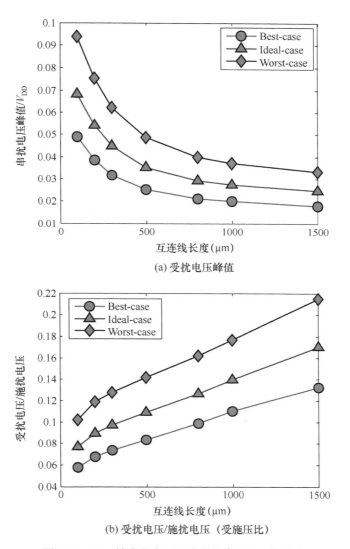

(a) 受扰电压峰值

(b) 受扰电压/施扰电压（受施压比）

图7.15　45nm技术节点下互连线长度对SEC的影响

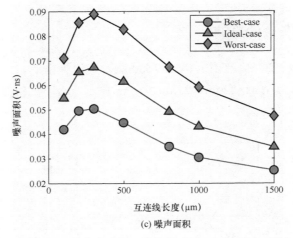

(c) 噪声面积

图7.15　45nm技术节点下互连线长度对SEC的影响（续）

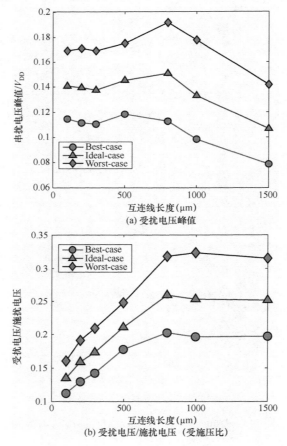

(a) 受扰电压峰值

(b) 受扰电压/施扰电压（受施压比）

图7.16　32nm技术节点下互连线长度对SEC的影响

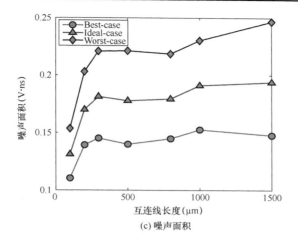

(c) 噪声面积

图7.16　32nm技术节点下互连线长度对SEC的影响（续）

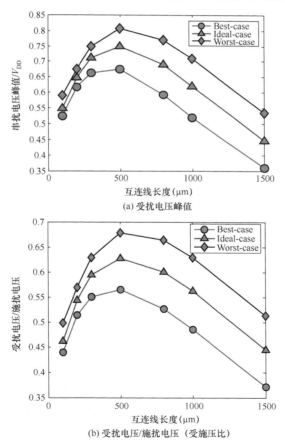

(a) 受扰电压峰值

(b) 受扰电压/施扰电压（受施压比）

图7.17　22nm技术节点下互连线长度对SEC的影响

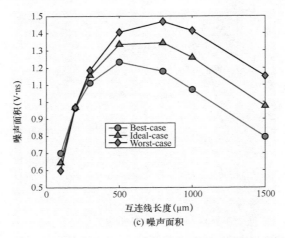

(c) 噪声面积

图7.17 22nm技术节点下互连线长度对SEC的影响（续）

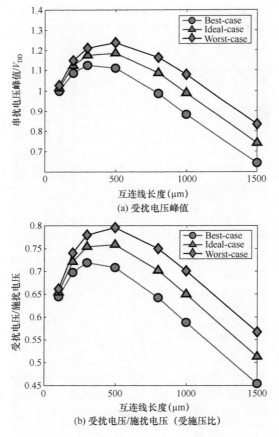

(a) 受扰电压峰值

(b) 受扰电压/施扰电压（受施压比）

图7.18 16nm技术节点下互连线长度对SEC的影响

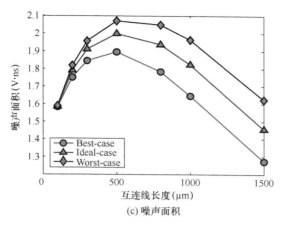

(c) 噪声面积

图7.18　16nm技术节点下互连线长度对SEC的影响（续）

由图7.15可知，在45nm技术节点下，随着互连线长度的增加，串扰电压峰值呈下降趋势，但受施压比则呈增加趋势，表明随着互连线长度的增加，施扰线电压峰值也下降，且下降速度更快。

因此，尽管互连线长度的增加导致耦合电容增加，进而使得串扰增加，但两线的寄生电阻和寄生电容、电感均增加，抑制了SET和串扰脉冲的传播，且互连线的寄生电阻和电容与驱动端的相差较多，导致抑制作用更强，因此使得串扰电压峰值下降。噪声面积是串扰电压峰值与脉冲宽度的乘积，且随着寄生电感、电容的增加脉冲宽度呈增加趋势，而电压峰值则呈下降趋势，导致噪声面积出现先增后减的现象。由于工艺波动，导致的SEC变化情况如表7.11所示。

表7.11　45nm技术节点下工艺波动对SEC的影响情况

互连线长度	电压峰值		受施压比		噪声面积	
(μm)	最佳工艺角	最坏工艺角	最佳工艺角	最坏工艺角	最佳工艺角	最坏工艺角
100	−28.18%	37.58%	−24.88%	32.96%	−23.29%	29.86%
200	−29.16%	38.96%	−24.79%	32.57%	−24.18%	30.64%
300	−29.05%	38.84%	−24.22%	31.67%	−25.20%	31.65%
500	−28.60%	38.08%	−23.41%	30.24%	−27.39%	34.51%
800	−27.57%	36.62%	−21.97%	28.25%	−28.95%	37.37%
1000	−26.89%	35.48%	−21.07%	26.86%	−28.98%	37.90%
1500	−27.89%	35.51%	−21.89%	26.37%	−27.46%	36.28%

可见，互连线结构参数出现±10%的波动时，导致最佳工艺角和最坏工艺角时SEC的差异均大于20%，且随着互连线长度的增加，SEC的相对变化范围基本相当，其中最佳工艺角的电压峰值、受施压比和噪声面积的平均相对减小量分别

为28.19%、23.17%和26.49%，最坏工艺角的电压峰值、受施压比和噪声面积的平均相对增加量分别为37.30%、29.85%和34.03%。

由图7.16可见，与45nm技术节点不同，在32nm技术节点下，随着互连线长度的增加，串扰电压峰值呈先增后减的趋势，且要高于45nm的电压峰值，原因可能是互连线较短时寄生电容和耦合电容相差较小，耦合作用占主导，导致了较强的串扰效应；随着互连线长度的增加，寄生电容越来越大于耦合电容，寄生电容对SET脉冲传播的抑制作用占主导，导致串扰电压出现下降现象。

受施压比先增加，然后趋于稳定值。当互连线较短时，施扰线电压下降得更快，受扰线电压增加，导致受施压比增加，当互连线增至一定的长度后，受扰线电压和施扰线电压均下降，出现趋于稳定的现象。噪声面积基本呈增加趋势，且当互连线较短时，噪声面积增加较显著，而当互连线较长时，噪声面积相对增加较缓慢。表7.12中给出了32nm技术节点下工艺波动对SEC的影响情况。

表7.12　32nm技术节点下工艺波动对SEC的影响情况

互连线长度 (μm)	电压峰值		受施压比		噪声面积	
	最佳工艺角	最坏工艺角	最佳工艺角	最坏工艺角	最佳工艺角	最坏工艺角
100	−18.71%	20.06%	−17.36%	18.79%	−15.73%	17.07%
200	−20.17%	22.44%	−18.61%	20.88%	−18.07%	19.53%
300	−19.96%	22.72%	−18.12%	20.77%	−20.03%	21.90%
500	−18.64%	20.43%	−16.02%	17.44%	−21.35%	24.47%
800	−25.27%	27.24%	−21.82%	22.50%	−19.33%	21.95%
1000	−26.28%	33.39%	−22.28%	27.47%	−20.20%	20.58%
1500	−26.61%	32.88%	−21.54%	25.12%	−23.95%	27.25%

可见，在32nm技术节点下，±10%的互连线结构工艺波动会造成最佳工艺角和最坏工艺角对应的SEC发生±20%的波动，且随着互连线长度的增加，SEC的变化范围呈增大趋势。其中，最佳工艺角的电压峰值、受施压比和噪声面积的平均相对减小量分别为22.23%、19.40%和19.81%，最坏工艺角的电压峰值、受施压比和噪声面积的平均相对增加量分别为25.59%、21.85%和21.82%。

由图7.17可见，在22nm技术节点下，随着互连线的增加，SEC的电压峰值、受施压比和噪声面积均呈先增后减的变化趋势。在22nm技术节点下，耦合电容要大于寄生电容，串扰效应更强，同时互连线的寄生电阻更大，与驱动端的基本相当，甚至大于驱动端的寄生电阻，因此，当寄生电阻较小时，串扰作用较强，导致串扰脉冲增强；随着寄生电阻的不断增加，对传播的SET脉冲的抑制作用增强，阻碍了施扰线上脉冲的传播，使得受扰线上诱发的串扰脉冲减弱。22nm技术节点下工艺波动对SEC的影响情况如表7.13所示。

表7.13　22nm技术节点下工艺波动对SEC的影响情况

互连线长度	电压峰值		受施压比		噪声面积	
(μm)	最佳工艺角	最坏工艺角	最佳工艺角	最坏工艺角	最佳工艺角	最坏工艺角
100	−4.56%	7.57%	−4.83%	7.92%	8.48%	−7.40%
200	−4.89%	4.14%	−5.31%	4.68%	−0.39%	−0.22%
300	−6.83%	5.23%	−7.30%	5.89%	−3.93%	2.38%
500	−10.00%	7.63%	−9.98%	8.04%	−7.71%	5.17%
800	−14.05%	11.78%	−12.36%	10.44%	−12.14%	9.21%
1000	−16.25%	14.55%	−13.65%	11.87%	−14.78%	12.27%
1500	−19.48%	19.57%	−16.62%	15.40%	−18.56%	18.15%

　　与45nm和32nm不同，当互连线结构参数出现±10%的工艺波动时，22nm技术节点下最佳工艺角和最坏工艺角时SEC的相对变化小于20%，且在互连线较短时相对变化低于10%，随着互连线长度的增加，这种变化逐渐增加。这意味着当互连线较短时，互连线结构出现的工艺波动对SEC的影响相对较弱；但当互连线较长时，互连线的工艺波动对SEC的影响增强。最佳工艺角的电压峰值、受施压比和噪声面积的平均相对减小量分别为10.86%、10.01%和7.00%，最坏工艺角的电压峰值、受施压比和噪声面积的平均相对增加量分别为10.01%、9.18%和5.65%。

　　图7.18显示的SEC变化趋势与图7.17的基本一致，说明16nm技术节点下SEC与22nm技术节点下的类似，由于较大的寄生电阻和较强的耦合作用，导致SEC呈现先增后减的变化趋势。不同之处是，16nm技术节点下的下降幅度更大、更快。16nm技术节点下工艺波动对SEC的影响情况如表7.14所示。

表7.14　16nm技术节点下工艺波动对SEC的影响情况

互连线长度	电压峰值		噪声面积		受施压比	
(μm)	最佳工艺角	最坏工艺角	最佳工艺角	最坏工艺角	最佳工艺角	最坏工艺角
100	−1.36%	1.15%	−0.22%	0.21%	−1.44%	1.23%
200	−3.07%	2.39%	−2.14%	1.65%	−3.24%	2.56%
300	−4.35%	3.16%	−3.45%	2.41%	−4.61%	3.43%
500	−6.35%	4.57%	−5.24%	3.55%	−6.54%	4.90%
800	−9.09%	7.15%	−7.87%	5.77%	−8.41%	6.78%
1000	−10.75%	8.95%	−9.73%	7.62%	−9.44%	7.91%
1500	−13.32%	12.52%	−12.59%	11.53%	−11.62%	10.47%

　　可见，当互连线结构的工艺波动±10%时，无论是最佳工艺角还是最坏工艺角，它们导致的SEC相对变化普遍低于10%，当互连线较短（小于500μm）时，两种工艺角导致的SEC相对变化基本接近理想工艺下的SEC相对变化；当互连线

较长（大于1000μm）时，两种工艺角导致的SEC相对变化出现较大的变化。最佳工艺角的电压峰值、受施压比和噪声面积的平均相对减小量分别为6.90%、6.47%和5.89%，最坏工艺角的电压峰值、受施压比和噪声面积的平均相对增加量分别为5.70%、5.33%和4.68%。

为对比不同技术节点下互连线长度变化时工艺波动对SEC的影响情况，对几种技术节点下的SEC进行了比较，结果如表7.15所示，其中的"Worst-case变化幅值"和"Best-case变化幅值"分别表示最坏工艺角、最佳工艺角对应的最大变化与最小变化的差值。

表7.15　不同技术节点下，SEC随工艺波动的变化情况

SEC	技术节点	45nm	32nm	22nm	16nm
电压峰值	平均值/V_{DD}	0.04	0.14	0.63	1.04
	Worst-case变化幅值	3.48%	13.33%	12.00%	11.37%
	Best-case变化幅值	2.27%	7.97%	14.92%	11.96%
噪声面积	平均值（V·ns）	0.05	0.17	1.10	1.79
	Worst-case变化幅值	8.04%	10.18%	25.55%	11.32%
	Best-case变化幅值	5.69%	8.22%	27.04%	12.37%
受施压比	平均值	0.12	0.21	0.55	0.68
	Worst-case变化幅值	6.59%	10.03%	10.36%	9.24%
	Best-case变化幅值	3.81	6.26%	11.79%	10.18%

由表7.15可见，随着技术节点的减小，串扰效应引起的SEC呈著增加趋势，例如，当技术节点从45nm减小到16nm时，串扰电压峰值的平均值从0.04增至1.04。由互连线工艺波动引起的SEC的变化幅值随着技术节点的缩小，在32nm技术节点下突变增加，且呈保持趋势。因此，在45nm技术节点以上，互连线的工艺波动引起的串扰（包括电压峰值、噪声面积及受施压比）波动较大，但这种波动并未随着互连线长度增加而出现较大的差异；但是，在32nm技术节点以下，尽管互连线的工艺波动引起的串扰波动较小，但这种波动会随着互连线长度的变化发生较大的改变。

7.4.4　环境温度的影响

温度会改变互连线的电学参数，进而影响传播时延及串扰效应[20-23]。下面分析不同温度下互连线工艺波动对SEC的影响。在45nm技术节点下，互连线类型为全局型，长度范围为100～1500μm，环境温度范围为200K～600K，双指数电流源的幅值为200μA，结果如图7.19至图7.21所示。

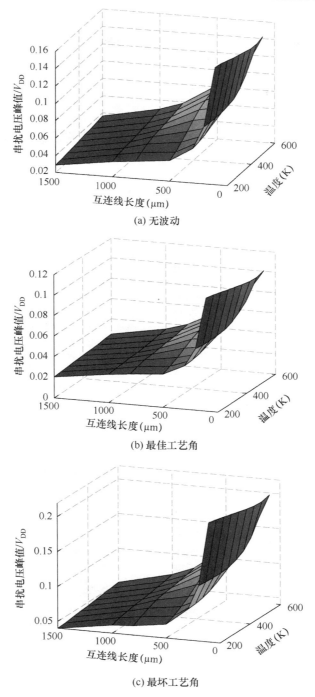

(a) 无波动

(b) 最佳工艺角

(c) 最坏工艺角

图7.19 不同温度下的串扰电压峰值

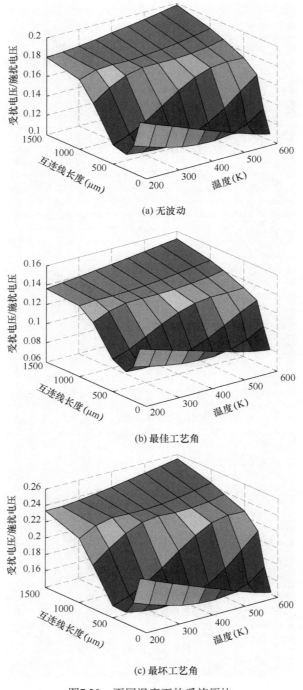

(a) 无波动

(b) 最佳工艺角

(c) 最坏工艺角

图7.20 不同温度下的受施压比

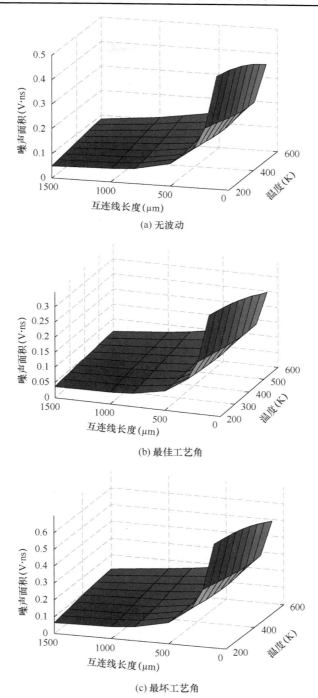

(a) 无波动

(b) 最佳工艺角

(c) 最坏工艺角

图7.21　不同温度下的噪声面积

　　由图7.19可见，互连线长度对串扰电压峰值的影响更显著，温度的影响相对较小，且互连线较短时，串扰电压峰值随温度的增加呈减小趋势；当互连线较长时，电压峰值则随温度的增加呈增加趋势，这意味着，温度的增加会在一定程度上增大串扰效应。对于互连线工艺波动的影响，无波动、最佳工艺角、最坏工艺角的串扰电压峰值的变化范围分别为0.03～0.16、0.02～0.12和0.04～0.21。也就是说，相对于无波动的串扰，最佳工艺角的变化范围为-33.33%～-25%；最坏工艺角的变化范围为31.25%～33.33%。所以，互连线结构参数出现±10%的工艺波动会导致串扰电压峰值发生±33.33%的变化。

　　由图7.20可知，温度和互连线长度对受施压比均有显著影响，且存在交互作用。随着温度的增加、互连线长度的增加，受施压比均呈增加趋势，特别是在高温、长互连线时，这种增加趋势更加明显，但是在低温、较短互连线时，会出现增加、减小交错的现象。在温度低于400K时，随着互连线长度的增加，受施压比呈先减后增的现象，这可能与串扰电压峰值的变化趋势有关。

　　对于互连线工艺波动的影响，无波动、最佳工艺角、最坏工艺角的受施压比的变化范围分别为0.10～0.20、0.06～0.16和0.14～0.26。也就是说，相对于无波动的串扰，最佳工艺角的变化范围为-40%～-20%；最坏工艺角的变化范围为30%～40%，所以，互连线结构参数出现±10%的工艺波动，会导致受施压比发生可达±40%的变化。

　　由图7.21可见，与串扰电压峰值类似，互连线长度对噪声面积的影响更显著，且随着互连线长度的增加，噪声面积呈减小趋势，互连线较短时，噪声面积随温度的增加而减小；互连线较长时，则随着温度的增加而增加。在300μm时，噪声面积存在先减后增的现象。对于互连线工艺波动的影响，无波动、最佳工艺角、最坏工艺角的噪声面积的变化范围分别为0.05～0.46V·ns、0.04～0.33V·ns和0.07～0.62V·ns。也就是说，相对于无波动的串扰，最佳工艺角的变化范围为-28.26%～-20%；最坏工艺角的变化范围为34.78%～40%。所以，互连线结构参数出现±10%的工艺波动，会导致噪声面积发生-28.26%～40%的变化。

　　下面分析不同技术节点下温度对串扰的影响。技术节点包括45nm、32nm、22nm和16nm，互连线长度为1000μm，类型全局型，双指数电流源的幅值为200μA，结果如图7.22至图7.25所示。

　　由图7.22可知，随着温度的升高，SEC的噪声面积和串扰电压峰值均呈增加趋势，且在高温环境中，互连线工艺波动引起SEC的变化相对更显著。在200K时，由于互连线的工艺波动，引起噪声面积、串扰电压峰值的相对变化范围分别为−27.78%~37.04%和−28.84%~35.82%；温度为600K时，互连线工艺波动引起的相对变化范围则分别是−28.85%~38.03%和−30.09%~40.18%。因此，环境温度的升高，会增强互连线工艺波动对SEC的影响。

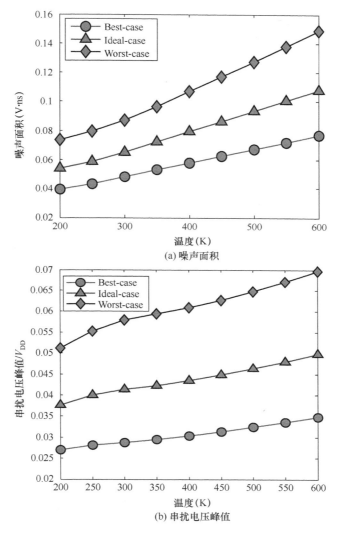

(a) 噪声面积

(b) 串扰电压峰值

图7.22 45nm技术节点的串扰随温度的变化情况

由图7.23可知，与45nm技术节点类似，随着温度的升高，SEC呈增强趋势。在200K时，由于互连线的工艺波动，引起噪声面积、串扰电压峰值的相对变化范围分别为−23.60%~26.66%和−26.59%~32.93%；温度为600K时，互连线工艺波动引起它们的相对变化范围则分别是−27.00%~33.56%和−27.82%~35.44%。

可见，与45nm技术节点相比，32nm的最坏工艺角的噪声面积相对增加率更高一些，而最坏工艺角的电压峰值相对增加率低一些；最佳工艺角的相对增加率基本一致。

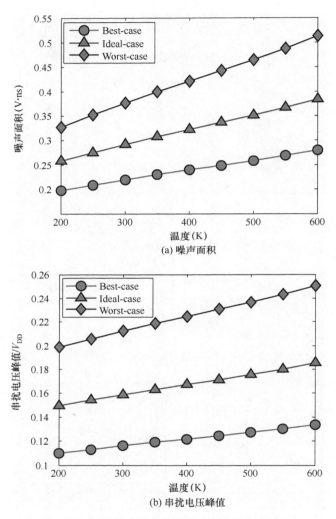

(a) 噪声面积

(b) 串扰电压峰值

图7.23　32nm技术节点的串扰随温度的变化情况

由图7.24可知，22nm技术节点下，SEC也是随着温度的升高呈增强趋势，然而，由于互连线工艺波动引起的SEC的变化似乎并没有随着温度呈增大趋势，这与较大技术节点的现象有所差别。同样，对比了200K和600K下SEC的变化范围。相对于无波动的SEC，当温度从200K增至600K时，最佳工艺角的噪声面积的相对变化从13.77%增至14.78%，电压峰值的相对变化从15.86%增至16.85%；最坏工艺角的噪声面积的相对变化从11.23%增至13.13%，电压峰值的相对变化从14.28%增至16.34%。因此，随着温度的升高，不论最佳工艺角，还是最坏工艺角，噪声面积或串扰电压峰值的相对变化约为1%。

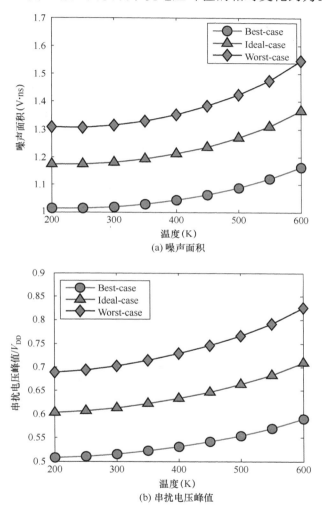

图7.24　22nm技术节点的串扰随温度的变化情况

由图7.25可知，16nm技术节点下，串扰电压峰值会随着温度的升高而增加，但噪声面积则出现先增后减的现象，这可能与16nm技术工艺带来更大的延时和脉冲宽度相关。同时，两种工艺角的SEC与无波动之间的相对变化随着温度的增加呈减小趋势。相对于无波动的SEC，当温度从200K增至600K时，最佳工艺角的噪声面积的相对变化从9.51%减至6.25%，电压峰值的相对变化从11.13%减至

8.73%；最坏工艺角的噪声面积的相对变化从7.00%减至4.45%，电压峰值的相对变化从8.91%减至7.09%。所以，在16nm技术节点下，互连线出现±10%的工艺波动，导致SEC出现的差异在10%以内。

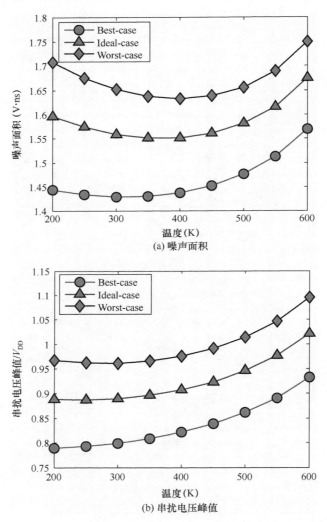

(a) 噪声面积

(b) 串扰电压峰值

图7.25　16nm技术节点的串扰随温度的变化情况

为便于对比，表7.16中给出了四种技术节点下互连线工艺波动对SEC的噪声面积和电压峰值的影响。表中的"变化情况"表示由温度升高引起的最佳工艺角和最坏工艺角相对变化的差值的平均值，箭头表示增减，向上表示增大，向下表示减小。

表7.16　不同温度和技术节点下互连线工艺波动对SEC的影响

技术节点	温　度	串扰电压峰值相对变化			噪声面积相对变化		
		最佳工艺角	最坏工艺角	变化情况	最佳工艺角	最坏工艺角	变化情况
45nm	200K	−28.84%	35.82%	↑2.81%	−27.78%	37.04%	↑1.03%
	600K	−30.09%	40.18%		−28.85%	38.03%	
32nm	200K	−26.59%	32.93%	↑1.87%	−23.60%	26.66%	↑5.15%
	600K	−27.82%	35.44%		−27.00%	33.56%	
22nm	200K	−15.86%	14.28%	↑1.53%	−13.77%	11.23%	↑1.45%
	600K	−16.85%	16.34%		−14.78%	13.13%	
16nm	200K	−11.13%	8.91%	↓2.11%	−9.51%	7.00%	↓2.91%
	600K	−8.73%	7.09%		−6.25%	4.45%	

　　综上所述，随着技术节点的不断减小，互连线的串扰效应呈增强趋势。环境温度的升高会使得串扰电压峰值增大，SEC的噪声面积呈增加趋势，但在16nm技术节点下，由于串扰脉宽较大，噪声面积出现先减后增的现象。当互连线出现±10%的工艺波动时，SEC的电压峰值和噪声面积均出现波动。随着技术节点的减小，这种波动呈减小趋势。同时，温度对这种波动的影响也与技术节点密切相关。当工艺尺寸大于22nm时，这种波动会随着环境温度的增加而增大；当工艺尺寸小于16nm时，这种波动则随着温度的增加而减小。

7.4.5　相关性分析

　　为了进一步分析串扰效应与互连线的电学参数之间的潜在关联性，下面采用灰色理论来揭示互连线的电学参数对串扰效应的影响。根据前面提到的灰色理论，计算了它们之间的关联系数，结果如表7.17所示。

表7.17　串扰与互连线电学参数之间的灰色关联系数

互连线电学参数	R	L	C_g	M	C_c
施扰电压峰值	0.6108	0.6729	0.6551	0.6936	0.6840
施扰噪声面积	0.8923	**0.9252**	0.8970	**0.9256**	0.8893
串扰电压峰值	0.6862	0.6955	**0.7365**	0.7184	**0.7467**
串扰噪声面积	0.7952	0.8483	**0.8741**	0.8659	**0.8986**
受施压比	**0.8522**	**0.8613**	0.8090	0.8478	0.7878

　　由表7.17可知，串扰电压峰值、噪声面积与互连线寄生电容（C_g）、耦合电容（C_c）有较高的关联性，受扰线电压与施扰线电压的比值（受施压比）与寄生

电阻（R）、寄生电感（L）有较高的关联性。对施扰线而言，噪声面积与寄生电感（L）、耦合电感（M）存在较高的关联性，而电压峰值与互连线的五个电学参数之间的关联性相当。这意味着耦合电容和寄生电容对受扰线产生的串扰脉冲影响更大；同时，互连线寄生电感和耦合电感会影响信号的传播时延。因此，设计电路时，要考虑互连线的布局，以降低耦合电容及电感，进而达到降低串扰噪声的目的。

7.4.6　统计分析

一般而言，互连线的四个结构参数出现的工艺波动具有随机性；因此，对互连线结构参数随机发生波动而引起的SEC进行统计分析，对集成电路互连线布局设计的实际优化更有价值。假设四个结构参数相互独立，随机发生波动，且波动范围为±10%，技术节点为45nm，互连线长度为1000μm，类型全局型，双指数电流源的幅值为200μA，事件数为1000，得到的SEC统计结果如图7.26所示，其中的竖线表示无波动时的SEC。

从统计结果来看，随机的工艺波动引起SEC的电压峰值、噪声面积及受施压比近似服从正态分布。与无波动时的情况相比，串扰电压峰值、噪声面积及受施压比的相对波动范围分别为-27.01%～35.28%、-28.98%～37.90%和-21.19%～26.67%，它们的平均值分别为0.0276V、0.04334V·ns和0.1404。

表7.18对统计结果进行了分析，给出了SEC相对波动范围的统计结果。

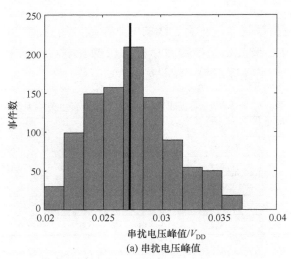

(a) 串扰电压峰值

图7.26　互连线结构参数随机波动的SEC统计结果

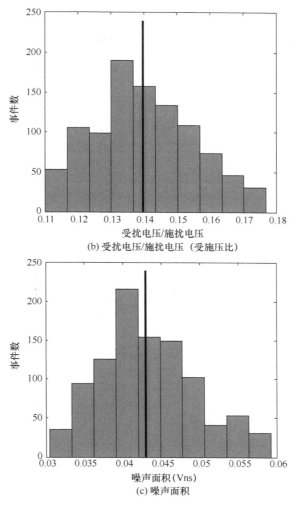

图7.26　互连线结构参数随机波动的SEC统计结果（续）

表7.18　SEC相对波动范围的统计结果

变化范围	串扰电压峰值/V_{DD}	受施压比	噪声面积
≤±5%	28%	31.4%	26.6%
≤±10%	55.8%	61.7%	50.5%
≥±20%	13.4%	6.1%	15.7%

　　由表7.18可知，当互连线结构参数出现±10%的工艺波动时，对于串扰电压峰值、受施压比和噪声面积，约30%的波动在5%以内，约50%的波动在10%以内，表明互连线工艺波动会引起SEC出现相当变化范围的概率约为50%。同时，

约有10%的波动大于20%，表明尽管互连线的工艺波动仅为10%，但仍有一定的概率导致SEC出现较大的波动。因此，在电路设计阶段，互连线的工艺波动应引起足够的重视。

7.5　本章小结

器件特征尺寸进入超深亚微米尺度后，受制造工艺和掩膜技术的限制，互连线出现工艺波动在所难免。互连线的工艺波动会对电路的性能及单粒子串扰效应产生显著影响，因此在电路设计分析阶段必须考虑互连线工艺波动对电路性能的影响。

本章重点介绍了互连线工艺波动对单粒子串扰的影响。首先介绍了工艺波动的来源及其影响；接着通过寄生电学参数的解析式和电路仿真，分析了工艺波动对互连线电学参数的影响，并基于极差分析法和方差分析确定了考虑工艺波动的单粒子串扰的极限工艺角；最后分析了电流幅值、技术节点、互连线长度和温度对SEC极限工艺角的影响，并利用灰色理论分析了串扰效应与互连线电学参数之间的潜在关联性。

研究表明，工艺波动对互连线电学参数的影响程度存在显著差异。互连线的寄生电阻和寄生电感仅受w, t的影响，其他寄生参数则与结构参数相关。当互连线工艺波动范围为±10%时，寄生电阻出现的波动最大，相对变化接近20%，耦合电容的相对变化约为10%，其他电学参数的相对变化较小。互连线结构参数s, h的波动对SEC的影响更大，会引起约20%的变化。

当电流幅值较大时，互连线的工艺波动会带来更大的SEC波动，增大串扰效应对信号传播的影响。随着互连线长度的增加，串扰效应减弱。当工艺尺寸较大时，互连线的工艺波动会引起SEC的较大波动，但波动范围并未随着互连线长度的增加而出现较大的差异；相反，当工艺尺寸较小时，尽管互连线的工艺波动带来的串扰变化范围较小，但是随着互连线长度的增加，SEC的变化范围也显著增加。

此外，环境温度也对这种波动产生影响，且与技术节点密切相关。当工艺尺寸大于22nm时，这种波动会随着环境温度的增加而增大；当工艺尺寸小于16nm时，这种波动会随着温度的增加而减小。

分析互连线结构参数随机波动下的SEC发现，尽管互连线的工艺波动范围在±10%以内，但仍有一定的概率引起较大的SEC波动。因此，互连线的工艺波动在分析和设计辐射环境中集成电路时不可忽略。

参 考 文 献

[1] 郝志刚. 工艺参数变化情况下纳米尺寸混合信号集成电路性能分析设计自动化方法研究[D]. 上海：上海交通大学，2012.

[2] 李建伟. 考虑工艺波动的互连线模型研究[D]. 西安：西安电子科技大学，2010.

[3] 张瑛，王志功，Wang J M. VLSI随机工艺变化下互连线建模与延迟分析[J]. 电路与系统学报，2009, 14(5): 70-75.

[4] 张瑛，Wang J M. 工艺变化下互连线分布参数随机建模与延迟分析[J]. 电路与系统学报，2009, 14(4): 79-86.

[5] Wang G, Wang Y, Wang J, et al. *An optimized FinFET Channel with improved line-edge roughness and linewidth roughness using the hydrogen thermal treatment technology* [J]. IEEE Trans. Nanotechnol., 2017, 16(6): 1081-1087.

[6] Rathore R S, Rana A K. *Impact of line edge roughness on the performance of 14nm FinFET: device-circuit co-design* [J]. Superlattices and Microstructures, 2018, 113: 213-227.

[7] Namatsu H, Nagase M, Yamaguchi T, et al. *Influence of edge roughness in resist patterns on etched patterns* [J]. J. Vac. Sci. Technol. B, 1998, 16: 3315-3321.

[8] Lim J, Shin C. *Machine learning (ML)-based model to characterize the line edge roughness (LER)-induced random variation in FinFET* [J]. IEEE Access, 2020, 8: 158237-158242.

[9] Rathore R S, Sharma R, Rana A K. *Line edge roughness induced threshold voltage variability in nano-scale FinFETs* [J]. Superlattices and Microstructures, 2017, 103: 304-313.

[10] Wu W K, An X, Jiang X B, et al. *Line-edge roughness induced single event transient variation in SOI FinFETs* [J]. J. Semiconductors, 2015, 36(11): 114001.

[11] Seoane N, Indalecio G, Comesaña E, et al. *Random dopant, line-edge roughness, and gate workfunction variability in a nano InGaAs FinFET* [J]. IEEE Trans. Electron Dev., 2014, 61(2): 466-472.

[12] Yu S, Zhao Y, Du G, et al. *The impact of line edge roughness on the stability of a FinFET SRAM* [J]. Semiconductor Sci. Technol., 2009, 24: 025005.

[13] Patel K, Liu T K, Spanos C J. *Gate line edge roughness model for estimation of FinFET performance variability* [J]. IEEE Trans. Electron Dev., 2009, 56(12): 3055- 3063.

[14] 李晓阳. 加速退化试验：不确定性量化与控制[M]. 北京：国防工业出版社，2022.

[15] 王鹏，修东滨. 不确定性量化导论[M]. 北京：科学出版社，2019.

[16] 李达维，秦军瑞，陈书明. 25nm鱼鳍型场效应晶体管中单粒子瞬态的工艺参数相关性[J]. 国防科技大学学报，2012, 34(5): 127-131.

[17] 张岩，董刚，杨银堂，等. 一种非均匀线型的互连线能量分布模型[J]. 计算物理，2014, 31(1): 109-114.

[18] 李鑫，Wang J M，张瑛，等. 工艺随机扰动下非均匀RLC互连线串扰的谱域方法分析[J]. 电子学报，2009, 37(2): 398-403.

[19] 邓奋发. MATLAB R2015b概率与数理统计[M]. 北京：清华大学出版社，2017.

[20] Artola L, Hubert G. *Modeling of elevated temperatures impact on single event transient in advanced CMOS logics beyond the 65-nm technological node* [J]. IEEE Trans. Nucl. Sci., 2014, 61(4): 1611-1617.

[21] Sootkaneunga W, Howimanporn S, Chookaew S. *Temperature effects on BTI and soft errors in modern logic circuits* [J]. Microelectr. Reliab., 2018, 87: 259-270.

[22] Singh K, Raj B. *Performance and analysis of temperature dependent multi-walled carbon nanotubes as global interconnects at different technology nodes* [J]. J Comput Electron, 2015, 14: 469-476.

[23] Rai M K, Sarkar S. *Temperature dependent crosstalk analysis in coupled single-walled carbon nanotube (SWCNT) bundle interconnects* [J]. Int. J. Circ. Theor. Appl., 2015, 43: 1367-1378.

反侵权盗版声明

电子工业出版社依法对本作品享有专有出版权。任何未经权利人书面许可，复制、销售或通过信息网络传播本作品的行为；歪曲、篡改、剽窃本作品的行为，均违反《中华人民共和国著作权法》，其行为人应承担相应的民事责任和行政责任，构成犯罪的，将被依法追究刑事责任。

为了维护市场秩序，保护权利人的合法权益，我社将依法查处和打击侵权盗版的单位和个人。欢迎社会各界人士积极举报侵权盗版行为，本社将奖励举报有功人员，并保证举报人的信息不被泄露。

举报电话：（010）88254396；（010）88258888

传　　真：（010）88254397

E-mail：　dbqq@phei.com.cn

通信地址：北京市万寿路 173 信箱

　　　　　电子工业出版社总编办公室

邮　　编：100036